中国大运河
文化带、生态带、旅游带建设
典型案例汇编

国家发展和改革委员会社会发展司
中国传媒大学文化产业管理学院 组织编写

知识产权出版社
全国百佳图书出版单位
——北京——

图书在版编目（CIP）数据

中国大运河文化带、生态带、旅游带建设典型案例汇编/国家发展和改革委员会社会
发展司，中国传媒大学文化产业管理学院组织编写 . -- 北京：知识产权出版社，2022.7
  ISBN 978-7-5130-8226-6

Ⅰ.①中… Ⅱ.①国…②中… Ⅲ.①大运河—生态环境建设—中国 Ⅳ.① X321.2

中国版本图书馆 CIP 数据核字（2022）第 116601 号

内容提要

本书选取中国大运河文化带、生态带、旅游带建设过程中的创新典型案例，通过深入
分析与总结提炼沿线城市"文化引领、环境保护、旅游发展"的创新发展经验，形成可供
参考的创新思路、核心路径、基本措施等经验模式，探索大运河沿线人文、生态、产业、
城市等方面的未来发展实践。

本书适合大运河文化保护传承利用的实务人员参考使用，同时也适合文物保护、文化
产业、艺术管理等专业的高校师生、相关领域研究人员作为参考用书。

责任编辑：李石华　　　　　　　　　责任印制：孙婷婷

中国大运河文化带、生态带、旅游带建设典型案例汇编
国家发展和改革委员会社会发展司　中国传媒大学文化产业管理学院　组织编写

出版发行：知识产权出版社有限责任公司	网　　址：http://www.ipph.cn		
电　　话：010-82004826	http://www.laichushu.com		
社　　址：北京市海淀区气象路50号院	邮　　编：100081		
责编电话：010-82000860转8072	责编邮箱：lishihua@cnipr.com		
发行电话：010-82000860转8101	发行传真：010-82000893		
印　　刷：北京中献拓方科技发展有限公司	经　　销：新华书店、各大网上书店及相关专业书店		
开　　本：720mm×1000mm　1/16	印　　张：12		
版　　次：2022年7月第1版	印　　次：2022年7月第1次印刷		
字　　数：180千字	定　　价：60.00元		

ISBN 978-7-5130-8226-6

本书编委会

（排名不分先后）

前　言

文化是一个国家、一个民族的灵魂。文化兴国运兴，文化强民族强。习近平总书记指出，"大运河是祖先留给我们的宝贵遗产，是流动的文化，要统筹保护好、传承好、利用好"。大运河文化带及国家文化公园建设是党中央、国务院作出的重大决策部署，也是增强文化自信的必然要求。

一、中国大运河：继古通今的世界文化瑰宝

大运河是中国古代创造的伟大工程。它始建于春秋时期（公元前486年），至今已有2500多年的历史，包括隋唐大运河、京杭大运河和浙东运河三部分，全长约3200千米，地跨河北、江苏、浙江、安徽、山东、河南、北京、天津8个省市，联通海河、黄河、淮河、长江、钱塘江五大水系，是中国古代南北交通的大动脉，是世界上距离最长、规模最大的运河。

大运河是中国活化的历史文化遗产。大运河沿线水工遗存、运河故道、名城古镇等物质文化遗产众多，世界级、国家级非物质文化遗产富集，水利文化、漕运文化、船舶文化、商事文化、饮食文化等形态多样，京津、燕赵、齐鲁、中原、淮扬、吴越等地域文化独特，经过千年叠加融合，形成了大运河独具特色的文化价值、精神内涵和基因表达，并被沿线地区深刻记忆和传承。

大运河是中国劳动人民的智慧结晶。大运河是中华民族悠久历史和灿烂文明的展现，承载了中华民族生生不息、传承永续、多元一体的厚重文化，集聚了大量领先时代的科技成就，创造了跨越千年的国家漕运体系，充分展现了中华民族勤劳勇敢、自强不息的精神品格，对促进中国南北经济文化交流、推动我国各民族的交融发展、形成中华民族多元一体格局，都发挥着重要的作用。

二、新时代大运河文化保护传承利用新使命

大运河沿线文化遗产资源丰富，运河功能持续发挥，区域发展水平较高，但长期以来，大运河也面临着遗产保护压力巨大、传承利用质量不高、资源环境形势严峻、生态空间挤占严重、合作机制亟待加强等突出问题和困难，大运河文化保护传承利用承担着新任务新使命。

（一）推动优秀传统文化保护传承

大运河时空跨度长，地域面积广，遗产类别多，文化价值高，历史与现实相互交融，蕴含着深厚的精神内涵，承载着丰富的时代价值。打造大运河文化带，加强大运河所承载的丰厚优秀传统文化的保护、挖掘和阐释，传承弘扬中华民族优秀传统文化的价值内核，推动大运河文化与时代元素相结合，焕发出新的生机活力，将为新时代中华优秀传统文化的传承发展提供强大动力。

（二）促进区域创新融合协调发展

大运河是贯通南北的文化长廊，也是联通不同区域的重要经济动脉和生态廊道，拥有极为丰富的文化、生态、航运资源。打造大运河文化带，紧密结合国家重大区域协调发展战略实施，统筹大运河相关资源的合理开发利用，推进文化旅游和相关产业融合发展，以文化为引领促进区域经济高质量发展、当地社会和谐繁荣，将为新时代区域创新融合协调发展提供示范样板。

（三）深化国内外文化交流与合作

自古以来，大运河就是全国各民族各地区交融互动的关键纽带，也是中外文明交流互鉴的前沿地带，对国内外文明发展都产生了深远影响，是中华民族留给世界的宝贵遗产。打造大运河文化带，强化大运河精神内涵，挖掘和弘扬时代价值，深化国际交流互鉴，再现大运河包容开放天然属性，将为新时代讲好中国故事，更好展现真实、立体、全面的中国提供重要平台。

（四）展示中华文明、增强文化自信

大运河记录了中国历史文化写不尽的厚重、壮美和辉煌，见证了中华文明的

源远流长和中华民族的勤劳智慧。打造大运河文化带，加强保护传承利用，坚定文化自信，促进社会主义文化繁荣兴盛，弘扬和践行社会主义核心价值观，更好构筑中国精神、中国价值、中国力量，增强国家文化软实力，将为新时代建设社会主义文化强国、实现中华民族伟大复兴中国梦提供重要支撑。

三、大运河文化保护传承利用工作进展

2019 年 2 月，中共中央办公厅、国务院办公厅印发的《大运河文化保护传承利用规划纲要》，明确了推动大运河文化带、生态带、旅游带的总体思路。2019 年 7 月，习近平总书记主持召开中央全面深化改革委员会会议，审议通过了《长城、大运河、长征国家文化公园建设方案》，为进一步建设大运河国家文化公园、打造大运河成为中华文化重要标志提出了具体要求。此后，以大运河国家文化公园建设为标志，统筹资源、区域和部门，共同推进大运河文化保护传承利用见时效。

（一）建设目标

截至 2021 年年底，大运河国家文化公园建设管理机制初步建立，重点任务、重大工程、重要项目得到落实，江苏重点建设区建设任务基本完成。2023 年，沿线文物和文化资源保护传承利用协调推进局面将初步形成，标志性项目和建设保护任务将基本完成，并形成一批可复制推广的成果经验。2025 年，大运河文化遗产实现全面保护，"千年运河"统一品牌基本形成，大运河国家文化公园成为向世界传播中华优秀传统文化的重要标志，文化和旅游与相关产业深度融合。2035 年，大运河文化遗产实现科学保护、活态传承、合理利用，文化旅游品牌影响力显著提升。展望 2050 年，一条包容开放、俯仰古今、贯通南北的大运河以全新姿态展示在世人面前，大运河宣传中国形象、展示中华文明、彰显文化自信亮丽名片的作用更加突出，成为中华民族伟大复兴中的一幅辉煌画卷。

（二）总体考虑

一是功能布局。明确"一条主轴凸显文化引领、四类分区打造空间形态、六

大高地彰显特色底蕴"的总体功能布局。其中，"一条主轴"以京杭大运河和浙东运河为骨干，以隋唐大运河为重要一支；"四类分区"依据沿线文物和文化资源布局、禀赋差异及周边环境和设施条件，确定管控保护、主题展示、文旅融合、传统利用等四类主体功能区；"六大高地"特指京津、燕赵、齐鲁、中原、淮扬、吴越等六大沿线地域文化。

二是重点任务。围绕大运河文化带建设，规划实施"四大工程、两大行动"，即文化遗产保护展示工程、河道水系资源条件改善工程、绿色生态廊道建设工程、文化旅游融合提升工程和精品线路统一品牌行动、运河文化高地繁荣兴盛行动。围绕四大功能分区的空间范围，从加大管控保护力度、加强主题展示功能、促进文旅融合发展、提升传统利用水平等4个方面提出了具体工作要求。根据国家文化公园实体建设需要，规划了保护传承、研究发掘、环境配套、文旅融合、数字再现等五大工程，具体包括重要遗址遗迹、专题博物馆、复合生态廊道、旅游基础设施等19项重点建设任务。

（三）建设进展

一是推动各类规划编制实施。编制完成《大运河文化保护传承利用规划纲要》，相关部门编制出台大运河文化遗产保护传承、河道水系治理管护、生态环境保护修复、文化和旅游融合发展4个专项规划，指导8个省市编制出台了8个分省实施规划，形成"四梁八柱"的规划体系。制定出台《大运河文化保护传承利用"十四五"实施方案》《大运河国家文化公园建设保护规划》等，相关部门和地方编制形成《大运河国家文化公园建设保护规划》，明确各项重点任务的时间表、路线图，进一步完善了规划体系。

二是推进重大项目论证建设。各地加快推进中央预算内投资支持的重大项目建设。目前扬州中国大运河博物馆、河南省隋唐大运河文化博物馆已建成开放。河北大运河非遗遗产展示馆、天津大运河生态观光园、浙江杭州运河文化公园、安徽柳孜运河遗址保护、山东河道总督府遗址博物馆等重点项目也在积极推进建设。

三是创新文化遗产保护举措。浙江省率先推进大运河立法进程，起草出台《浙江省大运河世界文化遗产保护条例》，山东、江苏、河北均启动了大运河相关立法工作。安徽牵头会同沿线省市开展遗产资源梳理调查，研究制定《大运河沿线文物和文化资源名录》《大运河考古及标志性遗址遗迹展示项目论证及实施方案》。江苏建设省级大运河文化遗产监测管理平台和大运河文化旅游发展基金。

四是研究重点河段通水通航方案。河北省推进南水北调东线工程，研究提出《河北省大运河通水通航实施意见》。水利部组织开展南水北调东线一期北延应急试调水。北京、天津、河北签订《北运河开发建设合作框架协议》，研究制定《北运河廊坊段旅游通航规划》《北运河廊坊段旅游通航规划实施方案》，目前已实现大运河全线有水，京杭大运河北京段、河北段游船旅游通航。

五是细化生态空间管控治理措施。天津市率先制定实施《大运河天津段核心监控区国土空间管控细则》。北京对大运河北京段的10条河段、4个湖泊进行全面监测，持续开展北运河通州段、通惠河、萧太后河、坝河等重点河段综合治理。山东建立适应本省水环境管控需求的"双指数"排名机制，有效调动了沿线地市水污染防治工作的积极性。

通过各方面共同努力，大运河沿线文物和文化资源保护传承利用协同推进局面逐渐形成，一批重大标志性项目建成使用，大运河国家文化公园建设保护工作有序推进。下一步，大运河沿线各省份、各部门将全面推进大运河整体保护、系统修复、综合治理、价值挖掘、精神弘扬、标识构建等工作，大运河沿线各类文化自然遗产保护将逐步实现全覆盖，分级分类展示体系持续完善，大运河文化和旅游与相关产业融合不断加深，"千年运河"统一品牌将基本形成，大运河国家文化公园将成为向世界传播中华文化的重要标志。

本书由国家发展和改革委员会社会发展司统筹和指导，在河北、山东、河南、安徽、江苏、浙江、北京、天津等省市发改委提供案例详细材料的基础上，由中国传媒大学文化产业管理学院的师生整理和编纂而成。受多方面条件的限制，本书难免存在不足之处，还望广大读者海涵，并提出宝贵意见。

目　录

第一章　大运河文化带建设典型案例　// 001

第二章　大运河生态带建设典型案例　//061

第三章　大运河旅游带建设典型案例　//107

附录　国际运河文化旅游生态建设典型案例　//155

主要参考文献　//176

第一章　大运河文化带建设典型案例

北京市：编纂《大运河文化辞典》，推进知识普及

习近平总书记强调"大运河是祖先留给我们的宝贵遗产，是流动的文化，要统筹保护好、传承好、利用好"。为了深入贯彻落实习近平总书记的指示精神，由北京市社会科学界联合会牵头，联合河北、山东、安徽、河南、江苏、浙江、天津7省市有关单位，并在中国传媒大学文化产业管理学院的学术支持下，合力编纂8卷本的《大运河文化辞典》。

大运河贯穿南北、联通古今，是我国古代劳动人民创造的一项伟大的水利工程，是流动的、活着的世界级人类文化遗产。大运河在实现南粮北运、维护国家统一、繁荣社会经济、促进文化交流、兴盛沿线城镇等方面发挥了巨大的作用，生动地记录着国家与民族文脉的传承，深深镌刻着中华民族的文化基因和历久弥新的精神力量，具有重大的时代与历史价值。对大运河内涵、价值的发掘及大运河文化带建设路径的探索应先从其脉络源头与历史进程的文化意义探讨开始，学术机构联合编纂辞典正是对大运河文化带内涵的解释和历史的追根溯源。《大运河文化辞典》的编纂体现了传承中华文化的历史责任与担当，全面展示了中国大运河历史和现状，填补了中国运河文化研究的空白，满足当代社会知识普及、文化传承的急需，具有长远意义。

《大运河文化辞典》是一套兼具基础性、精准性、普及性，可全面展示中国大运河光辉灿烂文化的辞典，其在编纂过程中也有多处亮点。首先，在整体编辑和统筹思路上突破局限，邀请全领域专家共同参与辞典编纂修订；其次，线性的大运河流经多省份，诞生了丰富多元的历史文化故事，抓取重点、找准特色、发挥特色，展现出文脉传承的灵活多元；最后，辞典编纂任务艰巨，内容编纂协调安排工作不拘泥于传统形式，通过健全工作沟通机制，打破以往辞典编纂的固化

流程，以高质量、高效率为目标，为使命光荣的《大运河文化辞典》编纂工作保驾护航。

《大运河文化辞典》作为一部工具书，不能只"藏之名山"，更需要"通邑大都"，要切实推动大运河文化知识的传播与普及，切实为大运河文化展现永久魅力和焕发时代风采进行"鼓"与"呼"。因此，为了更好地实现辞典的功用与价值，《大运河文化辞典》在读者对象、全书主题、编写体例、总体规模、框架设计及词条选定原则等定盘决策中作出了如下几条具体的设计。

第一，在读者对象上，《大运河文化辞典》的读者对象定位为有一定文化水平的大众读者，他们不同于专家学者和专业人群，是对大运河知识接触较少、最需要也最应当了解运河文化的群体。因此，辞典充分考虑到广大读者的求知需求和阅读喜好，通过通俗易懂的语言，重点为读者呈现基础性、大众化的大运河知识，向读者介绍大运河水道水系、水工设施、文化遗产、历史人物事件等内容。为了便利读者阅读，辞典还设置检索系统、参考系统与内容分析索引。

第二，在文化主题上，《大运河文化辞典》核心就是大运河文化，包括大运河遗存承载的文化、大运河流淌伴生的文化及大运河历史凝结的文化。以主题为指导，辞典在此基础上划分内容的主次排序及其边界，从水道水系、水工设施、运河管理、与大运河有关的地名、大运河承载或随大运河而生的经济、有关大运河的文化艺术及其设施和活动、与大运河有关的文物、与大运河有关的名人与重大历史事件、学术研究机构及综合性内容等方面，为读者较为全面地阐释大运河文化。

第三，在体例上，《大运河文化辞典》采取的是专题性条目体。所谓专题性，即只反映大运河文化这一项专门知识；所谓条目体，即以词条为中心对某种知识进行简明解释。对词条的释文，辞典也采用了规范性的写法，即分为条头词、定性语、释文三部分。条头词是知识的引擎，应尽可能名词化，定性语是对条头词作简明扼要评点，释文是对条头词的解读。释文内容强调社会共识性，原则上不收入论辨性、探索性内容。

第四，在框架设计上，《大运河文化辞典》由专文、图照、词条正文、大事年表、词条汉字笔画索引、内容分析索引等组成，前有前言、凡例，后有后记，同时还配有全景图、分段图、特色古迹景物图等，尽可能形成图文并茂、相互映照的效果。词条总体规模为 8 卷本约 400 万字，400 幅图照，每省市编 1 卷，约 50 万字、50 幅图照。每卷约 1000 个词条，每条 500 字左右。词条索引比为 1∶2，即全书可包含 16000 个可检索的知识主题。由于大运河流经各省市的长度、规模、历史变化和文化含量不同，各分卷规模略有不同。时间上，各分卷按省市内第一条人工河开通到 2019 年进行阐述，空间上则按照与大运河有无关联来划定。

第五，在词条选定上，《大运河文化辞典》强调科学、合理、全面、平衡并突出主题，借此尽可能提升辞典的知识"含金量"。原则上，词条选定以运河为主题，与此无关的词条一般不选取，对于间接关联的内容酌情选取。因此，辞典围绕"水道及其历史变迁"，重点开展水道、水柜、水系、水工、水运、水管等方面词条的整理，同时也兼顾了因运河而生的经济、文化、人物、地名等。辞典在主题覆盖范围内，尽量突出重点与特点；在分清主次的前提下，照顾不同方面的内容，达到总体的完善和平衡。

第六，在辞典审定上，《大运河文化辞典》在内容合法合规的基础上，重点强调内容的完整准确性。主要体现在按框架设计编纂，重点是词条的选定和撰写没有重大缺失、不发生不真实和主次颠倒等问题；表现形式可大胆创新，但不可脱离辞典体例的基本形态。具体审定程序上，按照两级进行审查，初审由各分卷编委会组织完成，终审由总卷编委会和北京联合出版公司负责。在审定上，充分发挥了专家组的作用，确保辞典编纂的科学性。

第七，在组织机制上，《大运河文化辞典》各分卷均建立了行之有效的交流互助、携手并进机制。一是建立了总卷编委会，统筹领导各分卷编委会，解决涉及全书的方针性问题；二是建立了各分卷编辑部负责人定期碰头制度，以解决编纂中出现的共性问题，特别是各分卷的衔接等需要协调的问题；三是建立了信息交流制度，在北京联合出版公司设立简报制度，定期通报各卷的编写经验、遇到的问题和进展程度。通过以上三项措施，有效地保证了《大运河文化辞典》内容的完整、连贯、平衡和体例的规范统一。

《大运河文化辞典》的编纂工作提供了以下几个方面的启示。

第一，要深入挖掘和系统梳理以大运河为核心的历史文化资源和历代研究成果。通过梳理庞杂而分散的文献，形成可供检索、准确全面、通俗易懂的大运河文化基础知识体系与精粹，阐释、传播、普及和弘扬大运河承载的中华优秀传统文化，让更多人了解大运河、热爱大运河、参与建设大运河，同心勠力将大运河打造成为展示中华文明、宣传中国形象、彰显文化自信的亮丽名片，为实现中华民族伟大复兴中国梦提供重要支撑。

第二，要处理好系统性与主轴性的关系。《大运河文化辞典》的编纂既要考虑大运河整体发展的系统性，全面关注涉及运河文化的文学艺术、运输管理、人物事件等，又要紧紧抓住"水道"这根大运河文化所依托的主轴。通过抓住水道，就可纲举目张，从水道牵出水系、水工设施、水运状况，继而牵出运河管理机构与制度，以及与运河关联的各种派生文化，清晰呈现大运河文化的发展脉络，让读者"拎得清"大运河发展的来龙去脉，快速掌握大运河最核心的知识。

第三，要处理好历史性与时代性的关系。《大运河文化辞典》不能厚古薄今或薄古非今，要做到联通古今，交相辉映。不仅要记述大运河历史变迁，探索变迁之后的内外动因，使读者从中领悟不同的时代特点，加深对运河文化的理解，同时当代编纂的《大运河文化辞典》也应有当代的精神和当代的烙印，应将辞典编纂纳入中华民族复兴的伟大事业中，展现出中华文明正向现代化迈进的精神风貌，以及中国特色社会主义制度正在改革开放的探索中逐步发展完善的时代烙印。将古老的大运河与现代发展需求有机地结合起来，既彰显古代运河的灿烂文明与历史，又体现出当代中国人昂扬向上的精神气质。

第四，要处理好专业性与可读性的关系。《大运河文化辞典》是对大运河文化的深入梳理与阐释，需要全面客观地展示大运河文化的方方面面，具有较强的专业性。因此，在叙述中要求实、求简，评议准确鲜明，有较强的逻辑性和说服力。但《大运河文化辞典》作为旨在向大众传播、推广大运河文化的工具书，反映的不是关于大运河的学术性、探索性、争议性的知识，而是已有社会共识、历史定论的基础性知识，因此，研究人员在编纂中既要注意内容的专业性，更要强调文字的可读性，尽可能使用大众化语言，避免过多引用专业词语、古籍经典或生僻词语，尽量将运河的专业知识表述得通俗易懂。

第五，要处理好统一性与地域性的关系。大运河文化依托运河而生，各河段都具有运河文化的共性，但由于大运河地理跨度极大，在不同区域孕育出了不同的特色。因此，在《大运河文化辞典》的编纂中，应兼顾运河文化的统一性和各河段的地域差异性，特别是在辞典的分卷中，要突出各省市运河的特点。同时在词条选择上需要注意的是：严格区分"运河文化"与"地域文化"的关系，既要高度重视各段运河的地域性特点，又要防止因"地域性"而以城市水系替代运河水系，将地域内的文物古迹——无论是否与运河有关联——都纳入运河文化之中，模糊了大运河文化的内涵与外延。

天津市：开发特色文创产品，讲好武清运河故事

《武清古六景》是天津市珍木之缘文化传播有限公司查阅古籍资料、对照历史遗存、拜访史学家，历经 5 年论证，形成的一套历史组图。组图含"潞水帆樯""桥门秀水""奎阁灯光""西郊花柳""凤台春晓""宝塔凌云"武清古六景，横切明万历年间这一时期的历史断面，艺术地再现了古武清昔日恢宏繁盛的历史风貌，反映出明朝武清地区的人文地理、社会百态。其文创产品以组图为蓝本进行创作，包含艺术桌垫、多功能笔记本、手绘明信片、智能水杯、笔筒、镇尺、折扇等系列产品，将古武清及北运河的历史风貌与现代化技术相结合，形成具有较高收藏价值和实用价值的文创产品。系列文创产品荣获 2018 中国艺术品产业博览会"产业贡献奖""优秀艺术机构奖"、2019 国际运河城市文化旅游精品展"优秀参展企业奖"、2019 年北京通州大运河文化展"优秀企业奖"等。

《武清古六景》系列文创产品之艺术桌垫

《武清古六景》系列文创产品之折扇

《武清古六景》及系列文创产品为各地文创产品开发提供了两点经验借鉴。

第一，立足地方文化特色，找准文创产品定位和市场空白。武清因运河而生，"潞水帆樯"是武清运河文化的重要标志。以"潞水帆樯"为代表的《武清古六景》，有史料可考，无同类产品。这就为深挖武清文化内涵、推出代表性产品，提供了极佳的契机。

第二，政府搭建宣传推广平台，助力项目发展。自《武清古六景》问世以来，天津市以撰文诠释、推荐参赛展览、入展馆公示、典型推广等形式，搭建宣传平台、拓展推广渠道，取得了很好的效果。

《武清古六景》及系列文创产品典型案例可以带来以下几个方面启示。

第一，引导社会力量参与文创开发，激发内生动力。进入存量时代，人们的消费习惯发生了巨大的改变，产品功能不再是人们购物的首选理由，产品背后的文化、创意和消费场景体验才是消费者需求换代的体现。文化创意产品的迅速发展带来了前所未有的经济效益与社会效益，同时促进群众在耳濡目染中积极主动地继承与发展传统文化。这种形势对传承文化和企业升级发展都是不可复制的机遇，参加文创开发的企业必然有推陈出新、力求精品的积极性。

第二，历史文化的挖掘利用，要以文化遗产保护传承为灵魂。通过发掘历史文化内涵，走差异化、品牌化发展的路子，把更多文化内容、文化符号注入文化和旅游产品中，讲好"有意义、有意思"的故事，让人们循着故事来、带着故事走。

第三，做好文化和旅游融合发展的文章。一是做好区域合作发展，深入研究自身特色优势，在开放中博采众长，在合作中拓展新视野、发掘新天地。二是要充分挖掘和利用好区域的独特自然资源及特色历史文化，形成具有区域特色的文化旅游产业品牌，打造发展新增长点。三是加快文化产业转型升级，满足群众的个性化、多样化、高品质需求，推动文化多业态、全产业融合发展。

天津市：陈官屯建镇级博物馆，弘扬运河文化

陈官屯运河文化博物馆坐落在天津市静海区陈官屯镇中心区，津浦铁路西120米处，始建于2014年，由陈官屯镇政府投资建设，是全国首例，也是京杭大运河沿线唯一一座镇级运河博物馆。

博物馆展馆占地面积2900平方米，馆藏使用面积1772平方米，总投资1000万元。全馆共分序厅、千年古韵、运河流翠、两岸风俗、古城崛起、跨越发展、奔向未来7个部分，收藏文物1500余件，展出图片260多幅，创作雕塑50尊，墙面浮雕160多平方米。展馆以运河为主线，从各个方面，以不同的表达形式反映了自夏朝退海成陆形成本埠到4000余年全部历史中的每一个重要的节点和精彩的片段，再现了陈官屯镇2000多年的辉煌历史和运河文化内涵。博物馆展馆设计匠心独运，地面以运河的走向将两岸村落的分布模型以玻璃地板透视给观众，墙壁上以仿古铜的浮雕形式介绍了展区的7个部分，让游客边走边赏。不同展区层层递进地展示和介绍了陈官屯镇的历史沿革、考古发现、民间传说、土特产品、民生风俗和当今发展等，内容丰富，讲解生动，体现了陈官屯镇与运河息息相关的发展历程，彰显了运河沿岸人民世代傍河而居、勤劳生息的发展足迹。

博物馆自2015年试运行以来，共接待参观游客30多万人次，接待国家、省部级领导和文化界名人20多次。2017年，博物馆被天津市委、市政府授予天津

市爱国主义教育基地。2018 年，十三届全国政协副主席刘奇葆到陈官屯运河文化博物馆进行考察指导，对陈官屯运河文化博物馆给予肯定。

陈官屯运河文化博物馆正门

陈官屯运河文化博物馆展厅

　　陈官屯运河文化博物馆典型案例做法：陈官屯镇紧紧依托大运河历史文化，建设运河文化旅游带，规划打造西钓台古城、曹村移兴寺、运河沿岸渡口等多个旅游景点，将文物古迹、历史人物、传说故事、民俗建筑等一颗颗明珠以运河为线精心串联，做到环环紧扣，点点辉映，处处有景。陈官屯运河文化博物馆作为全面展示陈官屯运河文化的一处旅游景点，对讲好运河文化故事、推动运河文化旅游带建设起到了积极作用。

陈官屯运河文化博物馆典型案例为运河沿线各地博物馆建设提供了三点经验借鉴。

第一，博物馆建设要依托历史、自然、文化等实际条件。陈官屯镇依托依运河而兴的自然条件及由运河文化衍生的历史文化风俗，通过打造运河文化旅游线路、发展特色农业、推动乡村振兴等举措，建设具有地方特色的运河文化博物馆。有条件的地区可以根据地方实际条件，将博物馆建设作为弘扬运河文化的重要一环。

第二，合理规划博物馆建设。做好博物馆场馆设计、内容展示等方面的规划，符合新形势下文化产业发展趋势，满足人民群众文化需求，使乡镇级博物馆着重体现地方文化特色，融入产业布局，促进乡村振兴。

第三，创新博物馆建设和运营模式。乡镇级博物馆由于建设资金、用地规模等在一定程度上受到限制，在规划建设中，地方政府可以加大与社会资本的合作力度，拓宽资金来源渠道，创新运营模式，促进博物馆持续健康运营。

天津市：河北区瞄准"三好"目标，促进"三带"融合

天津市河北区是一个区域面积 29.6 平方千米的区域，围绕文化带、生态带、旅游带任何一带发展都仅能体现大运河文化保护的一个构成点，基于此，河北区提出了围绕"三带"融合打造区域大运河综合系统的理念，即"文化＋生态＋旅游＝河北区大运河文化保护传承利用"。

文化带方面，河北区作为"文化之区"，素有"近代中国看天津，百年天津看河北"的美誉，区内有 A 级景区 15 处，总量位居全市第一，红色文化、宗教

文化、运河文化等多种文化方式集聚，运河文化在河北区文化底蕴中占有重要地位。生态带方面，河北区有海河、北运河、新开河等六条河流，大运河约占全部河岸线总长的1/4，运河两岸分布金钢公园、耳闸公园和北运河公园三座大型公园，还有李公祠大街、天泰路沿线和勤俭桥桥区大片绿地景观，可以说运河生态好即区域生态好。旅游带方面，河北区运河周边分布着望海楼教堂、大悲院、天津之眼等众多旅游景点，单单是运河自身，特别是海河部分一直是区内旅游的重要区域，各地游客来区内旅游，乘坐海河游船畅游海河、乘坐天津之眼摩天轮俯瞰运河全域、沿着海河东路漫步，总会深深体会到河北区的运河文化。

天津市河北区大运河文化带建设典型案例做法如下。

第一，文化传承利用过程中重视文物保护。大运河入选《世界遗产名录》后，河北区协助市政府规划并公示了遗产保护范围（即河道管理范围）和建设控制地带（含河道保护范围），并相继在大运河河北区段沿岸50米内的遗产保护区和50～150米的遗产缓冲区设立界碑6处。大运河河北区段保护区内的历史遗存和人文古迹众多，历史文化蕴含丰厚，沿岸的现存文化遗迹共计22处，既有宗教建筑，又有名人旧居，还包括水利设施，其中望海楼教堂、大悲院、李叔同故居、解放天津会师纪念地等多为公共开放场所，成为人们了解、熟悉运河文化的窗口。

第二，通过非遗项目传播传承展现大运河魅力。河北区因大运河而生，非遗是运河文化的传承和再现。河北区共有非遗项目40项，其中市级项目15项，区级项目25项，这些项目如工艺毛猴、泥人王彩塑、内画鼻烟壶、李兰芝剪纸、群英武学社津门重刀36式等，大多与运河文化有着千丝万缕的联系。近年来，河北区组织邀请非遗传承人先后走进河北区各中小学、街道社区等，向他们阐述各个非遗项目的历史渊源、制作技巧和文化内涵，让非遗文化风采展现于全社会面前。

第三，生态与文化理念融合，促进大运河保护。河北区依托大运河建设北运河公园，让市民漫步于良好运河生态系统内。北运河处于大运河的北端，曾称沽水、潞水、白河，至明代始称北运河，河北区段大约有5000米。北运河公园把绿化和公园作为最贴近北运河的建设项目，既保护生态，也便于居民群众近距离接触运河、感受运河。北运河公园自2017年2月开始建设，2018年6月27日纳客迎新，自设计之初就确立了"生态大绿"的设计理念和"处处有典故、步步皆文化"的文化理念。多年来，良好的生态不仅体现于入眼的绿色，更体现于清清的河水，大运河河北段水质由2014年的劣五类水质，2016年提升至地表水五类水体，2018年改善至地表水三类水体，为周边居民带来了良好的居住感受，更成为河北区一道亮丽的风景线。

整体项目规划依托运河文化，将挖掘河北区历史文化作为整体项目规划的灵魂及线索，将厚重的历史文化底蕴融入生态景观建设之中，在北运河整体规划上利用运河文化及漕运文化加以提炼再现于北运河的咫尺空间中，让群众体会到文化与园林相融合的情趣。其以生态景观凸显人文底蕴，以园林绿化凝聚历史传承，巧妙地把园林绿化、历史文化深度融合，精心雕琢，突出生态之美、彰显文化之美、塑造形态之美，以达到传承城市文化、彰显传统风貌的效果。

第四，于细节处展现文化元素。公园的设计建设充分融入了文化要素。公园的多个点位、多处节点都体现了运河文化、漕运文化及河北区本地的历史文化。问津园作为北运河公园的园中园，以盐商文化为背景，打造出江南园林的特色；另外，白马寺、状元楼、耳闸、天石舫、直隶总督府等一批历史文化元素散落在北运河周边，与之遥相呼应。

天津市河北区大运河文化带建设典型案例有以下启示。

第一，通过文化活动打造大运河文化带。多年来，河北区一直欢迎八方游客来河北区旅游，随着运河带的打造，区域文化旅游更增加了吸引力。近年来，河北区依托运河文化，组织了三届"海河文化旅游节"和七届"美丽河北"文化旅游节，每届活动依据不同主题适时调整形式、丰富内容。活动中设有文艺演出及非遗展演、文旅资源展示、特色小吃、文创产品和旅游商品展卖、旅游产品交易等区域，已成为市民参与热情高、认可性强的年度重要旅游盛会。通过开展形式多样的主题活动，促进了运河文化旅游发展。

第二，以系统发展保护思路促进大运河文化带建设。河北区的融合系统发展成效体现于大运河文化传承保护利用工作中，各个微观构成主体立足区域特点，设计出符合区域发展实际的工作系统，使大运河文化保护不再是一项孤立的工作、一项临时的工作，而是融入区域发展，与区域发展共生共促的一项工作。在各个微观构成主体共同努力的基础上，合力组建成全国大运河文化传承保护利用工作的大体系。河北区的融合系统发展中处处体现"以人为本"的理念，无论是文化保护、公园建设，还是文化旅游，都将发展为了人民、发展依靠人民的理念体现其中。

河北省：打造永济水镇，带动馆陶县产业升级

大运河河北省邯郸市馆陶县段不仅是馆陶人民的"母亲河"，还是中国大运河的重要组成部分。大运河馆陶段在东汉、三国、隋唐的历史进程中发挥了重要作用，尽管 2000 年间，大运河馆陶段曾经六易其名，即汉代称白沟、隋唐时称永济渠、宋代通称御河、明清时期称卫河、民国称卫运河、现名漳卫运河，但河道走向基本清晰。"因河而兴"的馆陶自从汉初置县，至今 2000 多年来县名也一直未变，是中国置县最早的古县之一。

卫运河原是古老大运河的一段，是我国主要的内河航道之一，是馆陶境内最大的河流，也是馆陶与山东冠县、临清市的边界河。卫运河馆陶段始于汉，盛于唐宋，衰于元，复于明清，失修于民国。大运河的历史变迁，不但延续了大运河的文脉，也传承了大运河的文明。馆陶县永济水镇项目，位于永济河县城段西侧，规划占地 900 亩❶，建筑面积 100 万平方米，总投资 50 亿元。项目依托优越的地理、良好的生态、发达的水系、独特的历史文化，布局建设历史古建区、陶艺制作体验区、特色餐饮区、商业购物区、演艺娱乐区等，再现历史上馆陶繁华的漕运场景。项目按 5A 级景区标准打造，建成后，每年将吸引游客 500 万人次，年旅游综合收入 5 亿元，新增就业岗位 1 万个。

永济水镇项目是运河文化和地域文化的充分融合。大运河是中国 2000 多年历史的现实见证，是保护中国古代丰富文化的历史长廊、"博物馆"和"百科全

---

❶　1 亩 ≈ 666.67 平方米，下同。

书"，凝聚着古代中国的政治、经济、文化、水利、科学、教育等多个领域的庞大信息，是一条历史之河、文化之河，千百年来，在运河（馆陶段）沿岸汇聚了丰富多彩的饮食文化、农耕文化、地方戏曲、民间曲艺，形成了运河沿线著名的"陶山八景"等人文景观。

河北省邯郸市馆陶县永济水镇典型案例做法如下。

第一，项目建设高度重视运河遗产的真实性、完整性、连续性和可识别性。用发展、创新的理念，按照自然元素、有形元素和无形元素"三位一体"的要求，在空间设计上涵盖特色商业、酒店、温泉及各种景点、游乐设施、文化古街等，通过各种特色造型、细节体现运河文化；旅游区内设有公主府、公主体验酒店、公主实景剧场、古水寨、码头、水上世界、温泉、养生、特色商业、古街、汉唐风情体验区、运河文化体验区、非物质文化体验区等旅游项目；其中的游乐设施、酒店及特色商业内部多采用船文化的形式，统一构造特色文化旅游区。

第二，永济水镇项目是运河文化保护、展示与再开发的综合性平台。项目统筹整合公主湖公园，在永济河西畔联合打造一个以运河、公主、船文化为主题，集经济、文化、生态、社会效益为一体的特色旅游项目。项目建设充分挖掘运河文化的历史渊源，展示具有地方特色的节庆、戏曲、文学、民间艺术、传统技艺等，演绎历史上的名人名家逸事，形成浓厚的文化氛围。项目统筹推进运河文化遗址保护利用、文物遗产挖掘梳理、非物质文化遗产传承弘扬等工作，在运营上，公主体验酒店、汉唐风情区、平阳县郡、室内水世界、陶文化体验区均有收费型体验项目，还有运河特色文旅商品展示与销售。

河北省邯郸市馆陶县永济水镇典型案例有以下启示。

第一，项目可以定位为整合文化资源和推动产业融合升级的重要载体。项目建设与大运河文化相结合，与美丽乡村"文化小镇"建设相结合，与文化旅游和特色产业相结合，通盘考虑，整合打造"永济河文化风景带"特色品牌，带动大运河文化带馆陶段旅游发展。

第二，促进大运河馆陶段产业融合和结构升级。馆陶县依托永济水镇，按照"稳粮增产、强蔬提质、兴牧促效"的思路，大力发展"一黑一黄一白"多彩农业产业，稳步推进黑小麦、黄瓜、黄秋葵种植，实施禽蛋产业振兴计划，加快构建新型农业产业体系；引进培育新型化工、新材料、新能源等新兴产业项目，力争新型高分子材料、复合材料等方面实现突破，着力打造国家级循环经济产业基地。

河北省：建设大运河非遗公园，促进文化传承

中国大运河非物质文化遗产公园是经国家发改委、河北省发改委同意，在沧州建设实施的国家级公园项目，是中国大运河国家文化公园重要组成部分，是大运河沿线 8 个省市非物质文化遗产集中展示地。该公园有蜿蜒宜人的运河景观，有体现沧州近代工业文明的大化工业遗址，有体现运河古朴风貌的河堤滩地，有体现自然田园风光的河中岛屿，涵盖了代表沧州历史传承的众多特色元素。

中国大运河非物质文化遗产公园位于沧州市区北部，北至渤海路，南至永济路，西至大运河西侧河堤，东至清池大道，总面积约 4000 亩，由沧州园博园、中国大运河非物质文化遗产展示中心、沧州大化工业遗址提升改造区构成，是中国大运河国家文化公园重要组成部分。

大运河从农耕文明时代的商旅漕运，到工业文明时代的生产建设，一直滋养着沧州这片土地。其中，沧州大化是沧州最为珍贵的工业文化遗产资源，厂区内留存有代表沧州近代工业文明的丰富历史遗存，对于沧州有着独特历史记忆和遗产价值。大运河非物质文化遗产公园通过巧妙创意，统筹设计工业遗产与非物质文化遗产，向世界展示沧州由农业文明到工业文明，进而迈向生态文明的宏大历史进程。中国大运河非物质文化遗产公园规划分为农耕文化展示区、文创会展入口区、户外非遗艺术区、新潮文创会展区、非遗主馆展示区、滨河深坑演艺区六大特色功能区，全方位展示大运河非物质文化遗产。

该项目是沧州第一个国家级大运河项目，市委、市政府高度重视，为做好前期规划设计工作，经深度策划、多方比选，委托国内一流规划建筑专家担纲设

计，确保拿出精品设计，做出优质工程。

中国大运河非物质文化遗产公园建设典型案例做法如下。

第一，通过巧妙创意，统筹设计工业遗产与非物质文化遗产，体现沧州刚柔并济的地方特色，使中国大运河非物质文化遗产公园最能有别于全国运河沿线各城市运河公园，并凸显其独特的魅力。大化厂区老建筑依托于沧州大化老厂区，本着"修旧如旧、生态自然"的理念，加入大运河非遗文化等多元文化元素，统筹利用老厂房室内外空间、设备，为大型会展、非遗市集、户外演艺、餐饮住宿、潮酷消费等提供丰富多样的空间，让老建筑焕发新生机。中国大运河非物质文化遗产公园以刚性的工业建筑灵魂与公园内柔性的古朴风貌的河堤滩地、自然田园风光的河中岛屿一起，向世界展示沧州由农业文明到工业文明进而迈向生态文明的宏大历史进程。

第二，中国大运河非物质文化遗产公园规划分为农耕文化展示区、文创会展入口区、户外非遗艺术区、新潮文创会展区、非遗主馆展示区、滨河深坑演艺区六大特色功能区，运用文化资源资产化、文化表达年轻化、文化体验沉浸化的方式，全方位展示大运河非物质文化遗产。

第三，沧州园博园以"千里通波，大美运河"为主题，以"一带（运河风光带）、三区（城市展园区、专类植物展园区及综合服务区）"为空间结构，展现运河生态风貌，传承运河活文化，将大运河文化保护传承利用与生态文明建设相融合，充分体现生态、文化、经济三类空间转换，打造"大运河上永不落幕的园博会"。

中国大运河非物质文化遗产公园典型案例的借鉴意义如下。

第一，建立专职机构，确保组织保障坚强有力。沧州市委、市政府高度重视大运河非物质文化遗产国家公园建设工作，建立了完善的组织体系，提供了坚强的组织保障。成立了以市委书记为组长、市长为第一副组长的沧州大运河文化带建设工作领导小组，作为全市大运河文化带建设最高领导机构；并借机构改革之机，在全国率先成立了大运河保护传承利用工作专职行政部门——大运河文化发展带建设办公室；同时，按照"专业化运作、市场化运营"原则，成立了沧州大运河发展（集团）有限责任公司，通过市场化运作，引进社会优质资源强化大运河文化带建设。

第二，建立完备、齐全的规划体系。在国家《大运河文化保护传承利用规划纲要》及《长城、大运河、长征国家文化公园建设方案》指导下，一是在城市区层面，制定了"1+2+N"规划工作体系，即1个规划思路、2个总体性规划和多个专项规划；二是在全市域层面，以《河北省大运河文化保护传承利用实施规划》为核心，加快推进文化遗产保护等6个全域性规划编制工作。

第三，对大运河非物质文化遗产国家公园进行专题研究，谋划构建国家公园框架。国家公园选址于沧州市中心城区运河两岸约700米范围内，北起渤海路，南至九河路，河道长约31千米。按照分布式、开放式的规划理念建设中国大运河非遗展示馆，改造沿线城中村为旅游体验民宿村，恢复多个古渡口，创建一系列开放空间展示区。结合周边文化街区的微更新、微改造，每步行200～300米就有一处可看、可听、可体验的运河非遗文化展示空间。建成以后，将引进高端策划运营公司，高标准、高品牌辨识度地策划活动、打造品牌，定期举行国际、国内一流水准的活动，常设河北省各市非遗项目展演、展示，打造一连串形式多样、内容丰富、聚集人气的集中展示带和特色展示点，打造燕赵文化重要标识，弘扬大运河千年文化的当代价值和时代特色。

第四，不断完善建设条件。一方面，紧抓基础建设，着力开展了以文物保护、拆迁拆违、河道清淤、垃圾清理、生态修复五大工程为核心的基础性保护工程。另一方面，营造浓厚建设氛围，在国家和省级规划出台之前，沧州市不等不靠，积极向运河沿线先进城市学习，坚持边学边干，规划了一系列项目，并全力推进实施，同时积极加强宣传，创造全市建设大运河、保护大运河的浓厚氛围。

河北省：邯郸复原历史景象，展现运河文化内涵

河北省邯郸市大名县金滩镇处于山东、河南、河北三省交界地，至今已有2000余年历史，在先周时期称"阳狐郭"，东汉时期称"元城县治"，魏晋时期

称"阳平郡城"，唐武周时期称"王莽城"，五代宋时期称北京大名府屏蔽重地，元明清时期是全国"兑运法"三地之一的漕粮转运重地，以"滩湾舣舟、漕运重镇、商贾云集、日进斗金"闻名于世。大运河是金滩镇的母亲河。金滩镇依河而建，依河而兴，其历史、政治、经济、文化、人物、村型构建等，都与卫运河有着不可分割的联系。金滩镇大运河文化公园项目由此成为邯郸大名县运河文化旅游带建设的重要一环。

金滩镇大运河文化公园位于卫运河金滩镇段、金滩镇古镇西侧。项目建设主体为金滩镇镇政府，总投资2000余万元。项目重点建设"一街、一馆、一园、二埠、二庙、三桥、九景"的运河景观，并通过整体运河景观和两岸物质文化载体的打造，以及青龙街历史街区原貌恢复、户部分司、山陕会馆、郭隆真故居、魏家老宅的修缮，再现昔日大运河漕运兴盛时期的活动场景。

在强化大运河文化公园河道景观区域的同时，项目建设将文化公园滨河景观与金滩镇千年漕运古镇的旅游区建设形成联动，通过对漕运（大运河卫河段）文化及漕运伴生文化（衙署、书院、商贸、红色文化）的梳理升华，再现金滩镇"南文北商中衙署，运岸通明不夜城"的繁华景象，打造大运河文化国际交流合作新名片。

大运河文化公园依托卫河风光带及原生态古河道、古码头等历史遗存，打造漕运文化博物馆、卫河故道文化公园、金滩镇运河商贸核心展示区等运河文化特色旅游区，是打造金滩镇运河历史文化组团的重要一环。规划文化公园重点建设"一街、一馆、一园、二埠、二庙、三桥、九景"的运河景观。"一街"指二宝街；"一馆"指建设漕运文化博物馆；"一园"为卫河故道公园；"二埠"指皇帝渡、北桥口两大码头；"二庙"指三义庙、圣堂庙；"三桥"指三座广济桥；"九景"指在卫河故道公园打造沙滩暮雨、小滩晚渡、卫河秋波、古渡春晓、千僖乐园、陈仓古韵、卫水紫烟、龙门云瀑等九大特色景观。通过运河文化公园项目的建设，整合金滩镇古镇内部水体，使其与运河水系联通，串联原来不连续的水面，整个水系珠联璧合，曲水流觞，构筑形成金滩镇环城水系。"二十八坑""坑坑相连水连水，筒麻芦苇荷池美"的历史景象得以复原。一方面，整体镇区的景观、防洪、排涝等功能得以进行系统性梳理；另一方面，力求将曾经因河而兴的金滩镇重塑为古运河沿岸的北国水乡古镇。

金滩镇大运河文化公园由内而外展现出运河文化内涵。在景观功能营造上，一方面，在运河两岸建设漕运码头、亭榭、浮桥、石桥、木栈道、庙宇等小品，烘托漕运氛围。另一方面，在运河故道西侧规划千亩花海、景观枣林。在文化功能运营上，一方面，通过漕运博物馆（书画展示、文字展示、实物展示、动态荧屏展示）、沿运河故道东侧民居室内陈设（书画展示、文字展示）向旅客展示大运河文化的深厚底蕴。另一方面，通过文化情景的再现来促进大运河文化旅游链的深度延展，工作人员穿明清衣，行汉代传统礼仪；游客穿一次古代衣、扛一次漕运粮、推一次木轮车、撑一次木船杆、游一次漕运路、领一次漕运官银、喝一次邢家茶、吃一次耿家杂面条、住一次郭家客栈，从而以现代运营方式进一步彰显金滩镇漕运古镇的深厚运河文化内涵。

　　金滩镇大运河文化公园的运营不是孤立的，而是建立在金滩镇古镇旅游运营的基础之上，通过导入市场化的合作方，使大运河文化公园的旅游链条得以充实。首先，滨水绿化及景观设施的开放性是保证文化公园整体品牌的重要因素；其次，将相应展馆进行市场化运营，相对应的漕运文化工艺展示区域有收费型体验项目，并配有其成品的器物展示及销售；最后，通过文化场景体验进一步加强游客参与的趣味性和特色性，在不改变历史原真性的基础上，把有条件的非物质文化遗产变成文化产品和文化服务，同时为文化公园的运营提供可持续的动力。

　　金滩镇大运河文化公园建设将古镇、漕运、衙署、红色、饮食、民俗等文化通过文化展示、创意体验、民俗演艺、特色购物、休闲娱乐、养生度假等方式进行活化利用与创新传承，再现金滩镇"南文北商中衙署，运岸通明不夜城"的历史盛况。此外，金滩镇大运河文化公园建设为保护和复原金滩镇完整古城格局及特色风貌遗存提供了重要基础，运河文化场景历史再塑与旅游开发为当地居民和游客深入了解大运河历史文脉及探究自身文化溯源提供了重要载体。运河文化公园与古镇建设的联动发展，既提升了金滩镇原有风貌环境、交通环境及人居生活环境，带动整体区域的城市发展，又进一步完善了古镇整体的公共设施及市政设施配套，为整体片区发展提供了坚实基础。金滩镇运河文化公园的建设既遵循国家、省市各级大运河发展的宏观思路和整体脉络，又充分同自身古镇历史文脉相融合。一方面，将项目自身建设纳入大运河文化、生态、旅游的流域体系之内。另一方面，和金滩镇千年漕运古镇的历史文化营造及旅游开发体系紧密相连，相辅相成。

金滩镇大运河文化公园在许多方面值得学习和借鉴。

首先，要处理好文化和经济的关系，统筹规划。其次，要处理好保护和利用的关系。未来，金滩镇大运河文化公园还有很大发展空间。要继续妥善处理好大运河文化公园与古镇保护、旅游开发与新型城镇化之间的关系。一方面，应从整个金滩镇区域层面着手，做好大金滩镇城乡融合发展规划，以大运河文化公园及古镇旅游开发为龙头，以现代农业产业园、田园综合体、康养、特色城乡融合试点项目为支撑，为金滩镇整体产业发展提供强有力经济保障。另一方面，为进一步彰显和弘扬运河文化，在金滩镇区 106 国道东侧建设运河文化智慧新城，迈向国际化，接轨国际化。打造国际运河文化博览中心、运河文化剧院、运河文化艺术品交易中心、古镇文化论坛中心、民间收藏及交易中心，使其成为古镇东侧运河新城的核心文化载体；带动文化、商贸、居住、医疗、教育等复合产业发展，从而整体构筑大金滩镇东西两翼融合发展的"双城"空间格局。

江苏省：建设中国大运河博物馆，打造运河文化地标

中国大运河博物馆，全称"扬州中国大运河博物馆"，选址江苏扬州三湾，占地 200 亩，总建筑面积约 8 万平方米，主体由大运塔和博物馆两部分组成，是集文物保护、科研展陈、休闲体验为一体的现代化综合性博物馆。展陈面积约 1.8 万平方米，内设 11 个专题展览。专题展览以大运河发展变迁为时间轴，空间上涵盖大运河全流域，并重点展示大运河带给民众的美好生活。2020 年 11 月，国务院办公厅同意将在扬州建设的大运河博物馆定名为"扬州中国大运河博物馆"。博物馆位于扬州运河三湾生态文化公园，是保护、展示和利用大运河文化的标志性建筑，于 2021 年 6 月 16 日正式开馆。

扬州中国大运河博物馆效果图

中国大运河博物馆承载着文化传承、文物保护、休闲体验等功能，在工程建设过程中采取多种举措推进运河文化的传承与发展。

第一，博物馆景观建筑新颖别致，坚持打造具有文化特色的运河游览线路。中国大运河博物馆位于扬州运河三湾生态文化公园，是扬州市大运河文化带建设的重要工程，项目总建筑面积 8 万平方米。中国大运河博物馆整体采用巨型船只造型，融入风帆元素，如同一艘即将扬帆起航的船。"船头"紧靠三湾公园景观"剪影桥"，"船身"装饰有"五亭"景观亭阁等，"船尾"则在北侧。扬州瘦西湖"五亭桥"闻名天下，中国大运河博物馆上部的景观建筑也崭新呈现，展现出新"五亭"。但这五个亭子与瘦西湖五亭桥上的"五亭"不同，其四个方形亭子，分布在四个角上，而在顶部的中间位置，则是一个圆形景观亭，从空中看，"五亭"像众星拱月一样呈现。圆亭、方亭巧妙布局运用，让整个顶部景观端庄大方，充满扬州地域特色和浓浓的文化味。

博物馆旁还建造一座高塔，定名大运塔，塔高百米，可通过馆顶建设的长虹卧波式长廊进入高塔。主塔大运塔，以唐塔的风格设计，重现唐风古韵。文峰塔、大运塔、天中塔，在运河边连成一条线，形成"三塔映三湾"的景观。未来，博物馆边将建成一座码头，观众在此坐船，向南可达长江边的瓜洲，向北可达东关街码头、天宁寺御码头，进而像康熙、乾隆南巡时那样，经瘦西湖直达蜀岗平山堂，串联起扬州最具特色的运河游览线路。

第二，营造特色场景，坚持"体验先行"。一方面，中国大运河博物馆通过特色场景的营造，全面展现运河发展历程。登船入内，中国大运河博物馆的序厅，一面高十多米的"超大玻璃幕墙"已经吊装成功，幕墙层高达 15.6 米，如同一面巨大的镜子。馆内特别设置 500 平方米的环形数字馆，通过水、运、诗、画四个篇章展示运河美的意境，观众在空间内，随着"时空河道"自由地穿梭流动，展开人与自然、历史、现实的穿越时空的对话；还可以通过楼梯直达楼顶花园，进而通过廊道进入大运塔，站在塔上俯瞰整个三湾景区。

另一方面，博物馆打造特色体验项目，增设"密室逃脱"等备受青少年青睐的项目，给参观游览中国大运河博物馆的青少年带来趣味性体验。博物馆为 10～15 周岁的青少年打造的"密室逃脱"环节，是一个角色扮演的互动游戏。参观者可以扮演角色，通过解谜、过关，最后完成任务。把不可移动的大运河这样一个线性的文化遗产在博物馆里呈现，实在是一个挑战。

除此之外，馆内还专门设置了互动体验展，参观者可以化身为古代官员游览大运河，探究水利工程究竟如何运转、往来如梭的大船上都运载了什么货物。每个展厅通过声、光、电等高科技装备展现底蕴深厚的运河文化，观众可触摸、可互动、可体验，在大饱眼福的同时，亲身体验科技的魅力。

这里不是枯燥的展览陈列，简直就是奇趣大自然。南京博物院院长龚良表示，江南园林追求"虽是人造，宛若天成"的效果，希望这些展览陈列能成为博物馆馆内的自然园林，能够让观众在这里感受运河沿线的自然生态。馆内还设有考古研究所、文创商品、茶馆、咖啡馆、小剧场等，成为人们休闲放松的文化客厅，免费对公众开放。

扬州中国大运河博物馆环形数字馆效果图

第三，展厅采用数字化方式，打造大运河"百科全书"。中国大运河博物馆以大运河发展变迁为时间轴，空间上涵盖大运河全流域，且适当突出江苏段特质，重点展示大运河带给民众的美好生活。共设有"大运河——中国的世界文化遗产""因运而生——大运河沿岸的传统生活""流动的文化——中国大运河""探索大运河——青少年互动体验展""大运河两岸非物质文化遗产""世界知名运河与运河城市""中国大运河艺术史诗""紫禁城与大运河""隋炀帝与大运河""运河与自然展""运河上的舟楫"11个专题展。这座博物馆堪称中国大运河的"百科全书"。从北京到杭州、宁波、洛阳，从春秋时期的杭州开始，到隋唐运河，再到元明清的京杭运河，全流域、全时段、全方位展览中国大运河的历史和文化。观众在这里可以看到隋唐大运河、京杭大运河、浙东运河的前世今生，以及运河上的水利工程、漕运盐利、商业贸易、宗教信仰、饮食风物、戏曲诗词、舟船样式、市井生活，运河沿线的自然生态及运河如何与"一带一路"交汇，并专题展示江苏省组织创作的《中国大运河史诗图卷》。

　　目前中国大运河博物馆共有1万件展品，其中有20件（组）大体量展品，展现古代国家治理的中国智慧。大运河是中国南北融合的战略通道，在维护统一的多民族国家方面有不可替代的作用。从隋唐起，国家的经济、文化重心逐渐固定在南方，而政治中心往往在北方，古代国家层面的物资调配主要靠大运河，进而带动了民间和商业的交流，促进了生产力发展，创造出灿烂的物质和精神财富。

　　中国大运河博物馆的建设提供了以下几点启发。

　　第一，要充分利用科技赋能，在设计中融入创意元素，营造新颖的场景吸引参观者。中国大运河博物馆在景观建筑设计上新颖别致，在展厅设计上通过特色场景的营造，生动展现出运河发展历程。为此，要发挥科技的重要作用，以数字化方式全面展现运河面貌。

　　第二，要嵌入体验式游览，让游客身临其中去感受运河的文化魅力，增加趣味性。互动式体验能够增强展览的趣味性，以互动式方式实现运河与参观者直接沟通对话，通过趣味游戏，让游览参观者在参与过程中加深对运河文化的认知。

　　第三，要不断创新表达方式，将千年运河发展历程更好地呈现在观众眼前，展现大运河文化魅力。充分运用现代化表达方式，讲好运河故事，以更加生动的方式展现运河文化，焕发运河的生机和活力。

江苏省：苏州加强精品创作，展现运河特色

苏州民族管弦乐团是由苏州市和高新区共同成立的市级职业乐团。乐团"三管建制"并拥有演奏员 90 余人，由海内外知名演奏家及毕业于中央音乐学院、上海音乐学院等高校的优秀人才组成。建团至今，已在中国、美国、俄罗斯、德国、日本等 13 个国家 22 个城市演出了 300 多场音乐会，受到海内外观众、专家、媒体的高度评价，先后获得文化和旅游部"欢乐春节"引导奖励资金评选一等奖、"丝绸之路国际艺术节·丝路文化贡献奖""国家艺术基金项目""江苏省文华大奖"等奖励。乐团委约一批当代著名作曲家创作新作品，其中四部作品入选文化和旅游部 2018 年、2019 年"时代交响——中国交响音乐作品创作扶持计划"。

大型民族管弦乐《江河湖海颂》演出现场

苏州民族管弦乐团不断加强文艺创作，通过文艺作品展现运河特色。例如，2020 年，乐团委约著名作曲家、中央音乐学院教授唐建平创作大型民族管弦乐作品《江河湖海颂》。作品以"春江潮涌，云水流波，柳岸风细，浪远天极"为四个乐章，紧扣"大运河"这一时代主题，歌颂了江苏、苏州开放融合、通达四方的历史成就和苏州人民包容会通、兼收并蓄的精神品格；描绘了江苏在新时代实施"开放再出发"大战略的宏伟气魄和美好前景；讴歌了新时代中国共产党人为构建人类命运共同体所做出的巨大贡献及所展现出的伟大胸怀和历史担当。

　　首先，《江河湖海颂》打造了"丝竹江南"与"丝竹交响"的"双面绣"。苏州民族管弦乐团的艺术定位是"民族音乐的江南品质与国际表达的双面绣"，既坚持"丝竹江南"的地域特色，又注重"丝竹交响"的国际表达，通过苏州品质、江南风格、中国气派与国际审美的有机融合，实现民族音乐表演的交响化、国际化。苏州民族管弦乐团致力于将管弦乐的表现模式融入中国民族音乐中，在中国乐器与中国曲风的基础上，用国际主流的交响乐语言对传统民族音乐进行创新诠释与表达，以更能适应新时代欣赏者的需求与趣味，更符合时代发展与国际潮流。这既是对民族音乐的传承与创新，又是对国际文化的尊重与接轨。

　　其次，《江河湖海颂》是社会与经济"两个效益"的实现。大型民族管弦乐《江河湖海颂》在国内外共演出 15 场，票房收入 90 万元，惠及观众约 5 万人次；积极申报国家、江苏省各类奖项，力争入围文化和旅游部"时代交响——中国交响音乐作品创作扶持计划"与国家、江苏省艺术基金舞台艺术创作资助项目；通过国内外巡演及网络直播，在海内外讲好中国故事，展现"大运河"文化形象，不断深化新时代"大运河"文化价值内涵。

　　苏州民族管弦乐团的案例启示：沿线的运河保护、传承和利用过程中要讲好运河故事，依托文艺作品不断增强文艺作品的表现形式，彰显运河文化价值，展现运河多样魅力。

江苏省：设立大运河研究院，发挥智库作用

大运河文化带建设研究院成立于 2018 年 4 月，是经江苏省委宣传部批准、依托江苏省社会科学院设立的省级新型重点高端智库。江苏省社会科学院党委书记、院长夏锦文任研究院院长，中国文化遗产研究院原院长张廷皓和中国工艺美术大师朱炳仁任学术顾问。研究院积极组织开展大运河文化研究，为江苏省大运河文化带建设做出了积极贡献。

研究院在推进运河保护、传承和利用方面的举措主要如下。

第一，研究院重视建章立制，规范管理。研究院先后出台了《大运河文化带建设研究院章程》《大运河文化带建设研究院业绩考核办法（试行）》《大运河文化带建设研究院课题管理办法》《大运河文化带建设研究院课题结项细则》《大运河文化带建设研究院专家咨询费用发放管理办法》《大运河文化带建设研究院后期资助课题管理办法》等规章制度，同时建立健全大运河研究院三年规划和年度计划，依规治院使日常工作和科研活动井井有条，灵活且规范的制度为智库工作保驾护航。

第二，研究院统筹力量，合力科研。研究院以江苏省社会科学院学术力量为基础，设有大运河历史研究、文化研究、区域研究 3 个研究中心，围绕大运河文化带建设中的重要理论和实践问题，开展相关理论研究、政策阐释、战略谋划和决策服务，通过独立申报、联合申报等多种形式，共立项国家社科基金重大课题 2 项、一般课题 2 项，完成省社科基金重大课题 1 项、一般课题 2 项，承担省文脉工程重大课题 1 项，省社科联江苏智库研究与交流中心委托课题、重大应用研究课题 3 项，其他地市、厅局相关横向课题 5 项，多项决策咨询成果获省部级领导肯定性批示和江苏省智库决策咨询优秀成果一、二等奖。研究院秉持"开门办

院、开放办院"方针，在大运河江苏段沿线城市先后设立了徐州、苏州、淮安、扬州、常州、无锡、镇江、宿迁8家分院，并与南京农业大学、江苏省规划设计集团、南京大学合作创办了3家主题式分院。

第三，研究院积极推广宣传江苏大运河文化带建设成就。研究院在《人民日报》《光明日报》《新华日报》《群众》等国家和省部级报刊发表研究阐释大运河文化、介绍宣传江苏大运河文化带建设成就的文章数十篇。研究院专家参与了国内首部关于大运河文化带建设的地方性法规《江苏省人民代表大会常务委员会关于促进大运河文化带建设的决定》的调研和起草，以及多项省级规划文件的编写，并面向社会大众，推出了《中国大运河遗产》《运河两岸有人家》等普及读物。研究院编辑出版《大运河文化研究》专刊和《大运河智库》专报，并在多个期刊平台开设运河研究专栏。此外，研究院每年还举办大运河文化带建设峰会，邀请到来自多所科研院校和沿运河省市政府机关、企事业单位、新闻媒体专家学者共商大运河文化保护、传承、利用的思路与策略，为大运河文化带建设谏睿智之言、献务实之策、聚发展之力。

研究院的建设体现了制度、组织、平台的重要性。

首先，制度立院，以完善的制度保障高效运行。研究出台多项管理制度规章，不断规范大运河研究院的日常工作和科研活动，完善智库治理体制、机制，不断破解制约研究院发展的难题，不断发挥制度改革红利；通过制度建设和改革创造良好学术环境；大力提升科研组织化水平，进一步提升科研组织工作效率和效益。

其次，建立分院，以分院为抓手统筹学术力量。推进主题式分院与沿运河城市分院建设，广泛统筹大运河文化相关区域和专题研究力量，做好聚才用才工作，引进知名专家、扶持青年学者、培养高端专业人才，加快建设多学科"各展所长、联动互补"的高水平研究团队；创新资源整合、评价激励、成果转化等机制，组织开展联合攻关，在协同创新中发掘大运河文化带建设研究新的增长点，不断凝练优势研究领域，积淀标志性的研究成果，打造特色鲜明的智库品牌，为大运河文化带建设提供创新性、探索性、引领性的思想理论支撑。

最后，多维发展，建设兼具学术研究、理论阐释、决策咨询和大众科普的平台型智库。研究院专家承担多项学术课题，包括国家社科基金重大项目、省社科基金项目；承担国家和省市多项部门委托课题。研究院利用自有资金公开招标课题项目，取得了较好的社会反响。研究院邀请相关专家学者传播大运河文化知识和学术观点，体现了将学术研究成果进行通俗化传播的责任担当。

从研究院的组建及管理过程中，能够获得些许启示。第一，研究院要明确方向，凸显特色，在大运河保护、传承和利用方面承担应有的职责。第二，要不断推进研究院内部结构、管理的创新，更加高效地推进运河保护开发。

江苏省：镇江分院立足需求，强化研究与传播

2018 年 12 月，镇江市大运河文化带建设研究中心在镇江市高等专科学校设立。研究中心是镇江市从事大运河文化带建设综合研究的新型重点智库，接受镇江市大运河文化带建设工作领导小组及其办公室、中共镇江市委宣传部领导，镇江市社科联指导。研究中心立足镇江、面向全省、放眼全国，坚持应用研究与基础研究、宏观研究与微观研究、国内研究与国际研究相结合，面向国家、江苏省重大战略需求，努力打造省内知名的新型智库。2019 年 11 月 9 日，大运河文化带建设研究院镇江分院成立，与研究中心一套班子、两个牌子。经过两年多的努力，研究中心在镇江市大运河文化带建设研究方面已取得了一定的成果，为市大运河办公室的工作开展提供了一些较为有效可行的思路和方法。

根据研究工作需要和研究团队发展情况，研究中心下设若干研究组。每个研究组确定一个牵头高校和一个牵头部门及若干配合部门。研究组分方向开展研究工作，各组设组长一名，副组长若干名，组长、副组长负责日常行政、学术事务。目前主要建立了 4 个专业研究组，分别为大运河文化研究组、大运河经济研究组、大运河生态建设研究组和大运河文化传承传播研究组。每组聘请研究员，组建精干的研究团队，不断吸收和调整高校、职能部门和社会大运河研究专家，

以科研项目为抓手，分方向、多学科开展应用研究与学术研究。

第一，研究中心以大运河研究为中心开展多样活动。设立了"年度大运河专项课题"，开展了大运河文化论坛征文比赛。近两年的研究内容主要着重在基础研究方面，包括镇江大运河文化带建设路径、大运河水道变迁史、大运河文化内涵、运河文化的特色与亮点、镇江大运河明清漕运史、镇江大运河非物质文化遗产的保护与利用、运河文化遗产分布及类型等；同时开展了一些应用研究，如生态环境建设、古运河污染源控制、博物馆建设、大运河文化旅游的开发与品牌建设等。

第二，研究中心不断创新管理模式。研究中心设置了四个研究组，每个研究组由一所高校和一个职能部门牵头，同时多个部门配合，这一方法得到了江苏省大运河文化研究院领导的充分肯定。这样既可以使研究分方向开展，又可以得到多方支持，加强合作，同时使研究队伍更为完善。目前研究中心吸收了一批有实力的研究人员，主要由当地高校和党校教师、相关职能部门专业人员及一批离退休的镇江历史文化研究专家组成。研究中心还制定了《大运河文化建设研究三年行动计划》。

第三，研究中心多次组织研究人员进行实地考察与调研。先后组织京杭大运河镇江段（谏壁船闸—陵口）、古运河（北固湾—丹徒闸）的水上线路调研，镇江城区唐宋漕渠故道实地踏查、丹徒古镇考察、丹阳段大运河重要遗存考察、大运河相关水系萧梁河段及南朝石刻考察等，为研究组成员提供了第一手丰富的资料。另外，研究中心还组织研究人员参加各种学术交流活动，如扬州的2019年大运河博览会及世界运河城市论坛、山东聊城的大运河文化论坛、大运河文化带建设研究院淮安分院的学术年会、无锡的2020年大运河文化博览会、南京的大运河文化智库峰会等。

第四，研究中心十分重视研究成果转化。目前已建成主题为"江河交汇吴越门户"的大运河文化展示馆前置展馆；参与了"谏壁船闸航运文化标识项目"建设，该项目被列入"京杭运河江苏段绿色现代航运发展建设总体方案"，也是镇江大运河国家文化公园的"谏壁枢纽核心展示园"项目的一部分；参与镇江抽水站"大禹馆"文化项目建设，承担了"镇江大运河文化"展示厅的所有图片、文字资料和解说词的整理与撰写；承担江苏省政协编纂的《江苏大运河文化名片》

镇江部分的撰写任务；录制镇江日报社负责的"镇江文化公开课"之"大运河文化"部分的节目；协助中央电视台《远方的家》在镇江录制大运河文化节目；举办大运河文化公益讲座、志愿者文化活动等。

镇江市大运河文化带建设研究中心的做法有以下启发：第一，在运河的保护、传承和利用的过程中，要加强不同部门之间的合作，在协调互补的过程中形成独特的管理机制。第二，依托丰富多彩的活动形式，提升区域影响力，在活动中塑造地区品牌。第三，通过展示陈列、资料汇集等方式推进创新成果转化，以可视化、可观感的形式加以展现。

浙江省：开展"京杭对话"，推进文化建设"双城记"

为贯彻落实习近平总书记关于大运河文化带建设重要批示及相关文件精神，进一步推动中国大运河文化保护、传承和利用，加强京杭大运河南北两城市交流合作，2019 年，杭州市政府、杭州运河集团和中国新闻社向北京市人民政府新闻办公室发起共同主办"中国大运河文化带京杭对话"的邀请，得到了北京市人民政府新闻办公室积极响应。

京杭对话是围绕运河文化、深化沿线合作、推动产业发展的高端对话系列活动，由京杭大运河起终点两座城市北京与杭州轮流主办。2019 年 12 月，首届京杭对话在杭州成功举办，由此拉开大运河文化带建设"双城记"序幕。京杭对话围绕一个核心主题，由"1+N"模式组成，即"一个主论坛 + 多个系列活动"。邀请主承办方代表、运河相关管理机构代表、海内外专家学者、文艺工作者等共同参与，搭建运河文化及产业共建共享的平台，汇聚运河沿线地区智慧和力量，推动大运河沿线区域实现绿色发展、协调发展和高质量发展，助力大运河文化带建设。

2019 京杭对话活动以"文化与科技推动大运河复兴"为主题。活动包括主论坛、大运河京杭印象展、京杭媒体杭州大运河采风暨随手拍大赛启动仪式和大运河京杭雅集，充分调动运河沿线城市的资源和力量，构建大运河保护、传承、利用共同体。

2019 首届中国大运河文化带京杭对话会

　　2020 京杭对话活动以"运河上的京杭对话，共建共享新未来"为主题。活动包括主论坛、"鉴古藏今共建共享千年运河"系列主题展、诗画浙江文旅周、"京杭风韵"运河雅集、"千年运河"中外媒体大直播及媒体论道等，形成京杭大运河专家研讨、文化交融、艺术雅集、文旅推介、技术交流、媒体传播等内容丰富、形式多样、交相辉映的文化活动。

2020 中国大运河文化带京杭对话论坛

京杭对话不仅仅是一场高端的文化活动，更是一个以文兴旅、以文促产的载体，旨在实现南北联动双向发力，汇聚多方力量，盘活文化资源，加强资源共享、项目共创和人才共育，更好地保护好、传承好、利用好大运河这一宝贵遗产。2019京杭对话，签署了《北京市人民政府新闻办、浙江省政府新闻办、杭州市人民政府、中国新闻社关于大运河文化带京杭对话合作机制框架协议》，杭州运河集团与北京市国有文化资产管理中心签订《战略合作框架协议》，启动"大运河京杭对话合作机制"。2020京杭对话在上一届的基础上，从四方参与推动大运河文化带建设，升级为五方合作机制，签署《中国大运河文化带京杭对话五方合作机制框架协议》，签订《北京浙江文旅高质量发展合作框架协议》，发布中国大运河文化带文化金融产品，发出《共建共享大运河文化倡议》。活动助力京杭两地不断深化合作，全面促进两地文化旅游业高质量发展，推动大运河文化保护、传承和利用工作落到实处。

京杭对话活动对大运河文化保护、传承和利用工作主要体现在以下两方面。

第一，通过广泛传播提升关注度。京杭对话采用全媒体矩阵传播，宣传做到传播有序、声量集中、亮点全覆盖，电视媒体、广播媒体、纸媒、微博、微信、抖音、自媒体、KOL（关键意见领袖）整体传播量破亿。媒体同频共振，同唱一首歌、共护一条河，"京杭对话"一词成为热搜关键词。至今举办的两届对话，在活动期间，集中宣传引爆，均登上微博热搜冠军，形成独家舆论场，引发广泛关注。以2020京杭对话为例，活动期间，中国新闻社、中国新闻网、中国新闻周刊、中新经纬、新华社、新华网、央视新闻、央广网等中央级重点媒体及App进行大力宣传；中国网、环球网、央广网、央视网、中国经济网、中国广播网、中国青年网等相关网站进行积极转载。此外，《北京日报》《北京青年报》《杭州日报》《金华日报》、杭州+、杭州网、中新浙里等媒体对活动也进行积极报道，引发广泛传播。超过200家海内外媒体，参与多场活动的现场报道，形成全媒体传播集群及全媒体融合传播阵容。活动相关的资讯报道文章数量达1960篇，引发全网转载7000余次。京杭对话的成功举办，使得大运河的知名度、美誉度与日俱增，保护好、传承好、利用好大运河这一理念成为全民共识，让大运河真正成为"人民的运河"。

第二，活动赋予运河文化当代意义。京杭对话是一个对于古老运河文化当代意义深度挖掘的平台和载体，全方位、多维度地呈现大运河的方方面面，通过丰富多彩的学术及文化活动告诉人们，大运河不只是物质的，更是文化和精神的，它除了功能性，更具有文化性和现实价值，要把大运河打造成为文化同心、经济共建、科技共创、幸福共享的综合型纽带和桥梁，持续书写古老运河的新时代篇章。

京杭对话活动为运河的保护、传承和利用带来启发。在酒香也怕巷子深的年代，要不断加强对运河的宣传推广，充分利用短视频、新媒体等形式创新表达方式，打造特色名片，提高运河知名度。

浙江省：建设湖州丝绸小镇，打造特色标杆

湖州是浙江省内一座具有 2300 多年历史的江南古城。在诸多产业中，最具历史文化底蕴的要数丝绸，一片 4200 多年的淡褐色绸片在钱山漾遗址出土，成为人类最早利用家蚕丝纺织的唯一现存实例，印证了湖州"世界丝绸之源"的身份。湖州也是中国最大的真丝织造基地，在产品质量上，湖州丝绸为爱马仕、普拉达等诸多国际顶级品牌供货。2013 年，习近平总书记提出了构建"丝绸之路经济带"和"21 世纪海上丝绸之路"的倡议，浙江省全面推出建设经典产业特色小镇战略。面对新机遇、新挑战，湖州立足深厚的丝绸文脉，在 2015 年 3 月向浙江省政府申报了建设丝绸小镇项目，并成为首批特色小镇之一。

湖州丝绸小镇分两大片区，丝绸小镇（西山漾片区）位于湖州市吴兴区东部新城，规划面积 3.55 平方千米。小镇围绕"生产、生活、生态"理念，立足产业、旅游、文化、社区四位一体，面向丝绸现代、时尚与未来，定位集丝绸产业、历史遗存、生态旅游为一体的产城融合的"复合型时尚小镇"。丝绸小镇（荻港片区）位于南浔区和孚镇，荻港片区东部和南部分别与新荻村、河东村接壤，西临龙溪港，北靠和孚漾，规划总面积 1.7 平方千米，其中核心区面积 0.67 平方千米。

丝绸小镇（西山漾片区）规划六大功能分区——丝路夜明珠、浪漫丝艺园、隐逸度假区、创意新丝巢、活力镇中心、风尚丝绸秀；丝绸小镇（荻港片区）规划按照三个片区的空间布局发展建设，即传统丝织文化展示区、古代农耕（桑基鱼塘）文化体验区、古丝绸之路异域风情游览区。小镇整体建筑形态与周边环境相符，已经具有独特的"丝绸"风采；小镇范围内建设了西山漾绿地跑道，绿地品质较高、休闲步道设置合理，整体环境卫生，垃圾不落地，绿化覆盖率达64.31%。特色小镇的发展思路主要体现为以下几个方面。

第一，在产业特色发展方面，小镇以产业板块为核心，整体打造研发教育、商业创新、总部运营三大平台，重点打造集设计师培训、丝绸研发设计、时尚发布、SHOWROOM 商业、企业总部为一体的丝绸时尚产业高阶，吸引丝绸行业龙头企业、国际品牌、优秀设计师落户，相继引进翔顺丝绸、蚕花娘娘、美轮美奂等 117 家企业入驻，推动传统丝绸产业向产业链上游的研发、设计环节发展，实现"中国制造"向"中国智造"迈进。

第二，在文化建设方面，小镇坚持引领时尚和挖掘传统两手抓，突出"钱山漾"文化品牌，以钱山漾文化交流中心、蚕桑文化园等为窗口，重点挖掘历史文化，延续丝绸历史文化根脉，打造主题文化演绎和宣传推广平台。大力发展"丝绸＋文化体验"，相继建成丝绸创意文化集市、歌蒂拉文创园、皇冠假日酒店等文创项目，定期开展丝绸产业文化活动。

第三，在配套社区功能方面，小镇提供公共服务 App，推进数字化管理全覆盖，完善医疗、教育和休闲设施，形成"产、城、人、文"四位一体的新型空间、新型社区，实现生产、生活、生态的充分融合和产业人群的相关配套。

第四，小镇坚持政府引导、企业主体开发的发展方式，紧紧围绕"三大平台"的规划，全力推进建设。充分发挥吴兴区城投集团有限公司龙头企业的带动作用，通过政企合作、商业投入，共同开发建设丝绸小镇。

湖州丝绸小镇作为全省首批特色小镇，自创建工作开展以来，先后获得"国家级城市湿地公园""省特色小镇文化建设示范点""省生态文化基地""省级生态旅游区""省级旅游风情小镇""省级非遗小镇"等荣誉。在 2019 年度省级特色小镇年度考核中，位列创建对象优秀名单，并成为长三角一体化主要领导人座谈会重要参观点。

湖州丝绸小镇的打造为其他地区提供了借鉴启发。

第一，特色小镇的建设要将产业基础与未来发展相结合，因地制宜地打造样板。将产业特色与整体规划相结合，强化招商引资，全面推动产业集聚，坚持政府引导、企业主体开发的发展方式，全力推进产业板块建设。

第二，要秉持"统筹规划，融合发展"的理念。强化规划引领，全面完善小镇功能。湖州丝绸小镇委托上海 RTKL 设计公司对丝绸小镇 6.38 平方千米的区域进行了全新的城市设计，围绕"生产、生活、生态"理念，打造集丝绸产业、历史遗存、生态旅游为一体的产城融合的"复合型时尚小镇"。

第三，强化项目建设，全面促进产城融合。围绕"生产、生活、生态"理念，以小镇特有的湿地景观为基础，不断完成文旅板块，浪漫丝艺园、湿地公园、市民公园、蚕桑文化园等景观公园已相继开园，钱山漾文化交流中心自 2015 年投入运营以来，已成为小镇对外文化交流的窗口，平均年客流量超 15 万人次。截至 2019 年，小镇固定资产投资 40.54 亿元，其中完成特色产业投资 28.41 亿元。

湖州特色小镇的打造为运河文脉的承载和文化建设提供了重要启发，具有重要意义。未来，小镇将以习近平总书记提出的"一带一路"倡议为指引，传承以团结互信、平等互利、包容互鉴、合作共赢为核心的古丝绸之路精神，顺应和平、发展、合作、共赢的 21 世纪时代潮流，连接 21 世纪的"丝路梦"，实现以丝路梦连接中国梦。小镇不断提高自身发展水平，努力打造 2.0 版的丝绸小镇，建设成为浙江历史经典特色小镇的标杆。

浙江省：杭州运河文化公园，用音乐传承运河文化

为贯彻落实习近平总书记的指示精神，展现杭州城市独特韵味，带动大城北地区的复兴和崛起，杭州市运河集团锚定世界级文化地标的定位要求，在大城北

规划建设了京杭大运河博物院、大运河滨水公共空间、大城北中央景观大道、大运河杭钢工业遗址综保项目、大运河未来艺术科技中心、大运河生态艺术岛六个项目组成"大运河世界文化遗产公园"。其中，杭州运河文化公园作为大运河滨水公共空间的子项目，位于杭州市运河新城大运河畔，是连接运河老城区段与大城北新城区段的标志性项目，也是杭州首个以绿色人文、时代音乐为题材，集"娱乐体验、科普教育、互动娱乐、生态休闲"为一体的生态型音乐主题公园，其目标是打造成为一处以"倾听世界声音，为运河而歌"为主题，承载"聚会交友、艺术展演"等多功能的运河东岸新起点。

杭州运河文化公园项目占地面积约 2.9 万平方米，总投资 2.4 亿元。目前，杭州运河文化公园已争取到 2020 年度国家发改委中央预算内投资 2000 万元，这也是杭州市近 10 年来首个文旅类申报中央预算资金项目。

公园围绕"倾听世界声音，为运河而歌"的主题，整体规划分为四个功能区：中心景观区为草坪音乐会场地，作为音乐会展演场地，地形平坦，视野开阔，也能满足游客日常休憩活动；主题花卉区以春花为主、秋叶为辅，结合主题月季花卉，以不同种植形式展现月季满园的公园景象；公园主入口区为人行进入公园的主入口，通过构筑物形象的展示吸引游客进入公园，开启乐享音乐之门；驿站体验区服务驿站结合音乐为主题打造视听体验区。

杭州运河文化公园在建设前形成了明确的建设目标及工作内容，保证项目高质量、高水平完成，为大运河文化带、旅游带、生态带建设助力。

第一，项目围绕"音乐互动体验园"的整体定位，聘请国内一流的团队制订了项目设计方案。基本的商业逻辑沿两条线展开：一是以朗朗音乐工作室为引擎，集聚其产业链上的内容提供商（CP）和服务提供商（SP），进而形成音乐现场演艺、音乐博物馆和音乐培训教育、衍生品开发等全产业链的延伸；二是借助朗朗音乐工作室带来的新歌首发、明星见面、宣传营销等资源，引入酒吧、剧场等体验性业态，以及特色餐饮、礼品店等配套商业，还植入了"艺术超市"等关联艺术业态。

第二，在招商过程中，集团专门成立招商评审委员会严格按照定位来控制业态，对入驻园区的企业和商户严格把关、宁缺毋滥。通过这些措施，确保了园区"倾听世界声音，为运河而歌"的主题和"音乐互动体验园"的定位落到实处。

比如，在文化餐饮方面，以音乐为主题，汇集国内知名餐饮企业，为东区量身打造适合不同消费人群的聚会聚餐场所，为园区办公、旅游、演出、商务洽谈等人群提供特色美食。还依托明星磁场效应，引进音乐主题酒吧，带给人的是其他地方无法获得的音乐时尚体验。

第三，根据"音乐互动体验园"定位，项目规划了五大业态，分别是演艺与展览、音乐培训、音乐主题零售、酒吧娱乐和文化餐饮。此外，凭借运河形象大使郎朗先生的国际影响力和"无国界"的音乐渲染力，定期举办国际性的钢琴艺术节、艺术沙龙等，打造成为杭州国际音乐论坛、音乐交流、音乐演艺、音乐比赛的首选地和落户地。

第四，杭州大运河文化公园根据项目背景，积极进行业态创新，不断延伸产业链。如设置试听室、录音棚及私人影院，并将汇集各种传统音像制品、黑胶唱片、数字音像制品、音乐及音响器材、音乐书籍、明星纪念品或授权专卖品、特色店，成为歌迷、乐迷的专属购物天堂。联手杭州演艺集团、大丰娱乐共同打造的小剧场，频繁引入国际音乐大师，举办各种经典音乐会、音乐剧、小话剧、先锋剧、大师课及各种音乐交流活动，培养区域戏剧市场，推动戏剧商业化运营。

杭州大运河文化公园重视内容及功能规划，在同类项目建设中有以下经验可借鉴。

第一，明确项目定位及建设目标，围绕定位进行项目规划及内容设计。统筹规划，让项目在城市建设中起到承上启下的作用，与城市及区域规划融为一体。同时，突出项目亮点，努力将项目建设成为城市文化地标。

第二，项目内容设计在满足广大群众多层次、多方面、多样化精神文化需求的同时，应注重人才培养功能的提升、加强教育意义，不断提升城市文化水平，展现城市文化风貌。比如，杭州大运河文化公园开设少儿合唱艺术班，结合奥尔夫、柯达伊等音乐教学体系，教授趣味视唱练耳和乐理，寓教于乐，在带着小朋友了解器乐、音乐作品和音乐家的同时，提升小朋友的综合素质，让小朋友能真正听懂音乐。

第三，始终坚持社会效益优先的发展理念，提供丰富多彩的公共文化服务产品。杭州大运河文化公园建设杭州传统音乐文化体验馆，全面展示体验杭州浙派古琴艺术、江南丝竹、十番锣鼓、鼓亭锣鼓音乐、淳安三吹三打、东吴御鼓、径山茶鼓、昌化民歌、畲族民歌、转塘民歌、寿昌民歌、车水号子、淳安民歌等非遗民乐发展。还将中心景观区作为草坪音乐会场地，用于音乐会展演场地，通过组织各种公益演出和文化活动，为市民和游客免费提供一个展示自我、抒发情感的群众性舞台。

第四，注重对文化资源的挖掘与利用，大运河文化带作为"流动的文化动脉"，也是凝聚中国智慧、浸润绵长历史的世界文化遗产。在建设过程中应深入挖掘本地文化，以文化特色为发展脉络，为众多人才、产品和文化的交流创造舞台。这是讲述中国故事、传承中华优秀传统文化的生动载体。

浙江省：杭州塑造滨水空间，打造世界级人居文明典范

杭州大运河滨水公共空间位于杭州市拱墅区京杭大运河沿岸，由大城北核心区内京杭大运河、杭钢河、电厂河沿岸滨水特色空间环线组成，整体长度约18千米。项目规划充分做大"水"的文章，塑造特色的滨水空间尺度，贯彻"人民城市人民建，人民城市为人民"的以人为本的理念，统筹人民群众生产、生活、生态需求，形成集观光、休闲、跑步、骑行等多种需求为一体的公共空间，同时沿线根据基地特色设置若干个文化活动主题的水岸活力公园，打造具有标志特性、文化特征、国际水平的世界级滨水空间。

杭州大运河滨水公共空间岸线全长约18千米，总用地面积约1.28平方千米，绿化带宽度15～100米，河道宽度在40～120米，总投资约19亿元。项目分三期实施，一期项目为杭钢河试验段，二期为现场条件较好的可建区域，三期为涉及码头、康桥油库等大型工业企业搬迁部分，2020年年底开工建设，2022年亚运会前基本建成，至2023年年底全线贯通，实现京杭大运河杭州大城北段由"工业锈带"向"生活秀带"的华丽转变。

杭州大运河滨水公共空间的发展理念值得推广学习：一是长三角生态绿色一体化发展示范区绿色发展理念。示范区提出了"先引人再引产业"的发展模式，区域定位为打造"世界级滨水人居文明典范"，即人才优先模式，招"商业"变成了招"高智商"，宜居环境、优秀文化吸引着高端人才主动涌入江南水乡这块宝地。未来，好风景优势将转化为经济优势，绿色创新发展新高地将在示范区形成。二是上海杨浦滨江将"工业锈带"转变成了"生活秀带"规划建设理念。习近平总书记在上海杨浦滨江考察时对杨浦区科学改造滨江空间、打造群众公共休闲活动场所的做法表示肯定，并指出"城市是人民的城市，人民城市为人民"。无论是城市规划还是城市建设，无论是新城区建设还是老城区改造，都要坚持以人民为中心，聚焦人民群众的需求，合理安排生产、生活、生态空间，走内涵式、集约型、绿色化的高质量发展路子，努力创造宜业、宜居、宜乐、宜游的良好环境，让人民有更多获得感，为人民创造更加幸福的美好生活。

　　在规划设计上，杭州大运河滨水公共空间呼应当代城市滨水人居新需求，以"活力、绿色、可达"为目标，按照"策划规划—城市设计导则—景观设计"流程扎实推进，营造可漫步、可阅读、有温度、有活力的魅力水岸空间，其目标是打造一个人与自然和谐共生、城市功能与风景共融、公共服务与基础设施共享的城市滨水空间，引领运河两岸逐步塑造为世界级的滨水区域。

　　秉承着致敬历史、取法传统的设计理念，杭州大运河滨水公共空间充分尊重杭州当地自然环境和历史传统，以杭州湿地自然景观和江南园林处理手法，以"岛屿"作为景观设计的主要语言和意向。

　　首先，构建了多样的节点活动空间。为了给不同人群提供多样化的活动空间，滨水沿岸一些空间被植入和赋予特定的功能，包括休憩、运动、观光、驿站等。

　　其次，营造了线性贯通的休闲功能。从整体上导入水陆观光、运动等线性功能，包括通过水上观光线和陆域的漫步道、慢跑道、骑行道、观光车道5条线路设计，从滨水至腹地，水陆联动，贯通设计，形成活力开放、独特韵味的休闲运动长廊，让市民体验健康生活，感受城市的美好，发现不一样的风景。

　　再次，成为个性定义的特征水岸。根据水岸腹地不同的用地功能和项目定位，个性化定义滨水岸线的公共开放特征，具体分为自然水岸、社区水岸、城市水岸、水上巴士水岸、庆典水岸，由低到高赋予其不同程度的广场活动空间，增强老百姓和游客的可达性。

最后，汇聚文化元素的小品景观。大城北是浙江和杭州近现代工业的重要发源地，集聚了杭州最集中的工业遗存，针对保留的工业遗存元素进行艺术化设计，塑造杭州大运河独特景观特色。

杭州大运河滨水公共空间滨水慢行系统规划示意

杭州大运河滨水公园在许多方面值得学习和借鉴。

一是功能复合。在严守城市安全底线基础上，注重发挥河道的海绵调蓄功能，增强城市防汛排涝能力，尊重沿河陆域空间的历史文化肌理，发掘沿河景观游览、公共活动、开放共生等内在潜力，有序打造并实现河道及沿河陆域水上旅游、公共交流、景观多样的复合功能。

二是三生融合。统筹生产、生活、生态三大布局，从生产型岸线转为生活、生态型岸线，不断盘活资源，打造公共开放空间，构建高品质的水岸环境，充分体现生态宜居、开放多元、生生不息的城市魅力，提升河道及沿河陆域空间服务城市的能力。

三是水陆统筹。从仅仅关注水域本身，向注重水陆一体化建设转变，强调水陆统筹、水岸联动和水绿交融。统筹协调规划、水务、绿化、交通、环保等部门，全面解决河道及沿河陆域的规划、设计、建设和管理运维等问题。

四是整体设计。滨水公共空间作为城市多种功能的复合空间、城市生活交往的活动载体，项目规划建设从只关注工程设计向整体空间的一体化设计转变，不仅要考虑河道的等级、功能、水位变化等水利工程要求，更需要强调以人为本，努力做到城水相融、人水相依，提升滨水景观品质。

安徽省：建设公共文化场馆，打造"运河名城、水韵泗州"

泗县位于安徽省东北部，北邻徐州，南接淮扬，交通便利，水系发达。泗县作为一座有着 2000 多年历史的历史名城，文化底蕴深厚，是国家级非物质文化遗产泗州戏的发源地，也是大运河通济渠唯一一处活态遗址段，被誉为通济渠段的"活化石"。近年来，围绕大运河泗县段文化保护传承利用建设工作，擦亮"运河名城、水韵泗州"这一城市名片，泗县大力加强公共文化建设，打造公共文化场馆集聚区。

泗县打造和运行公共文化场馆集聚区的做法主要有以下五点。

第一，广泛建设各类公共文化场馆。自 2012 年以来，泗县先后建设了博物馆、图书馆、规划馆、家风馆、少年宫、科技馆、古鞋博物馆、泗县隋唐运河博物馆、泗县皖东北革命纪念馆、泗州剧院十大公共文化场馆，总建筑面积达 30000 平方米，建设投资近 10 亿元，集场馆游览、非遗教学、文化演出、社会教育、文化体验为一体的多功能、综合性文化场所，形成了泗县公共文化集聚区。泗县十大场馆既有综合性泗县博物馆，也有专题性的古鞋博物馆、隋唐运河博物馆，同时还有多样性的公共文化场所，是了解泗县历史文化、城市发展、地域风情的文化窗口。

第二，紧密结合大运河保护传承利用相关理念。泗县十大公共文化场馆建设，紧紧依据大运河安徽段保护规划和大运河安徽段文化保护传承利用相关理念进行，在大运河泗县段世界文化遗产区域范围内错落分布，围绕泗县大运河的保护展示利用，充分进行文化资源的挖掘与展示。这些公共文化场馆或坐落在交通便利的城市休闲广场，或坐落在大运河泗县遗址沿线，或坐落在学校周边，形成了移步换景皆有文化场所，静态展示与动态体验相结合的多样化文化体验，使广大观众能够系统性、全面性、完整性地体验了解泗县文化。

第三，公共文化场馆集参观游览、互动体验、爱国主义教育为一体。走进博物馆能够了解泗县 2000 多年的历史文化，是了解泗县历史文化的综合性文化场所。规划馆展示泗县近年来发展成就与未来规划，感受泗县的城市规划发展，展望泗县城市未来。图书馆书香弥漫，为国家一级图书馆，藏书丰富，功能齐全，泗县荣膺"全国书香城市"荣誉称号。家风馆展示泗县乡贤文化、道德模范事迹，极具教育功能。古鞋博物馆展示独具特色的中国古鞋文化，展示上千双各式古鞋和图片，是我国为数不多的专题性古鞋文化展馆。隋唐运河博物馆展示泗县运河风情、人文历史和考古发掘成果，可以体验泗县运河人家风土民情。少年宫以国家一级文化馆泗县文化馆为依托，常年开展各类青少年教育教学活动，为广大青少年开启智慧之门。科技馆展示各类先进科技产品，让市民们领略科技的成果。皖东北革命纪念馆展示泗县革命烽火、峥嵘岁月，是泗县爱国主义和红色教育的重要场所。泗州剧院开展泗州戏等各类非遗展演，聆听一曲泗州戏，余音绕梁，回味无穷。

第四，泗县十大公共文化场馆均为政府投资建设，由政府各职能部门运行，常年免费对外开放，将公共文化场馆的文化展示、社会教育、文化研究等功能统筹推进，形成泗县地域文化百花齐放的局面。加强文化场馆的开放建设，与旅游、招商等相结合，通过文化宣传推介，唱响城市品牌，使泗县大运河文化保护传承利用得到活态化的展示利用，运河文化价值日益凸显，泗县现已打造成为安徽省公共文化示范县。建设文化强县，发挥运河价值，泗县文化的发展态势、发展环境、人才培养都取得了显著提升。

第五，泗县公共文化场馆集聚区的成效在于充分发挥地方文化资源价值和优势，把泗县的物质文化、非物质文化、历史文化遗迹遗存、现代化城市发展建设等进行充分展示，形成了功能多样、内容丰富的公共文化场所。泗县公共文化场馆集聚区以泗县运河遗产段为核心，在大运河沿线系统规划建设，形成了"一线多馆"的文化场馆格局。一方面，通过文化场馆体验，把静态的单一运河游览加以动态活化，使大运河遗产与文化旅游得以紧密结合，在运河保护的基础上，发挥文物的活态价值，从而促进运河文化的传承与利用。另一方面，以运河遗产为依托，不断发挥各类公共文化场馆的内涵与价值，与泗县运河文化加以融合，全面展示以运河文化为拓展的泗州文化、皖北民俗文化、非遗文化、漕运文化等多样文化，使得泗县"运河名城、水韵泗州"这一城市品牌不断响亮和充实，是文化强县建设、运河文化保护传承利用的具体体现。

泗县十大公共文化场馆集聚区建设和运行过程也为大运河文化传承保护利用提供了以下几个方面启示。

一是探索多渠道的场馆开放运行模式。公共文化场馆开放运行，以政府为主导，积极探索运用社会力量进行参与，通过社会性投资参与，积极招商引资。同时开展志愿者队伍建设，加强与高校合作，建立长久稳定的文化研究教育，为文化场馆提供强力的人力资源保障。

二是提升公共文化场馆的开放服务水平。在公共文化场馆众多、展示内容丰富的背景下，要不断加强自身展示教育功能的发挥，提高场馆的服务功能，开展各类活动和文化展演，吸引社会大众。各场馆要明确定位，形成各具特色的文化场馆，面向不同人群、不同地域，让各类人员走得进、留得住，具有长久吸引力。

三是注重文旅结合的文化产业发展。利用好各公共文化场馆的文化资源优势，通过旅游景区创建、文创产品研发、相关产业链带动等模式，与旅游、休闲、研学等活动相结合，发展泗县地域文化产业，通过产业带动，发挥公共文化场馆集聚区的社会价值。

山东省：聊城建专题博物馆，展陈研学运河文化

聊城位于山东省，是大运河沿线的重要城市之一，聊城与运河有着割不断的历史渊源。隋代开凿的京杭大运河从聊城境内西侧穿过，元代会通河纵贯聊城境

内腹地，为聊城带来了数百年的经济和文化繁荣，积淀了丰富的运河文化资源。为传承、弘扬运河优秀的历史文化，聊城在"八五"计划期间，就提出要建设运河博物馆，并将运河博物馆列入了"八五"计划，后又相继列入"九五"计划、"十五"计划、文化大市建设规划等。

经过十余年的努力，聊城中国运河文化博物馆于 2002 年开工建设，2004 年完成主体施工，2009 年 5 月 1 日，博物馆正式开馆并对外免费开放。博物馆建筑面积 1.6 万平方米，陈列面积 7000 平方米，是国内第一座以运河文化为主题的大型专题博物馆。其位于城市黄金地段，区位优势明显，主体建筑独特雄伟，远看就像一只在运河里乘风破浪、昂首前行的巨大漕船，蕴含着"天圆地方"的意味。开馆十多年来，博物馆共接待中外观众 700 余万人次，为山东省甚至国内同类、同规模博物馆日均接待观众最多的博物馆之一，为宣传运河文化、普及运河知识、促进运河保护发挥了积极的作用。博物馆已经成为山东省乃至全国展示、研究中国大运河的重要阵地。

聊城中国运河文化博物馆外景

山东聊城建设中国运河文化博物馆的做法主要有以下几点。

第一，在内部空间设计上，博物馆共计五层，地下一层，地上四层，分陈列区、收藏区、研究和学术交流区三个功能分区。

第二，博物馆整体陈列以"运河推动历史，运河改变生活"为主题，旨在全方位、多角度地收藏、保护和研究运河文化，反映和展示运河的古老历史、自然风貌和民俗风情，通过深化主体陈列、举办临时展览、开展社教活动、加强文物征集、探索学术研究等方式，不断提升博物馆免费开放水平。

第三，博物馆基本陈列"运河文化陈列"荣获首届"山东省博物馆十大精品陈列展览"，"聊城历史文物陈列"荣获第二届"山东省博物馆十大精品陈列展览"，"契约文化陈列"荣获第三届"山东省博物馆十大精品陈列展览"，"婚俗文化陈列"荣获第四届"山东省博物馆十大精品陈列展览"优秀奖。博物馆策划的"中国大运河山东段保护与申遗成果展"与博物馆契约分馆"契约文化陈列"共同入选由国家文物局指导、中国文物报社承办的2015年度全国博物馆展览季活动推介目录。

第四，2018年，聊城中国运河文化博物馆承办的"诚信在兹——契约文化展"走进清华大学，作为"2018清华大学世界法治论坛"的组成部分，成为与会领导、学者、嘉宾最受欢迎的内容之一。博物馆依托各类教育基地建设，通过流动展览、公益培训、志愿服务等形式，深入开展公益性与教育性兼具的宣教工作，打造了"博物馆里话民俗""博物馆里过大年""运河文化小志愿者"等宣教品牌。其中，"运河文化小志愿者"宣教品牌被山东省文物局授予"全省博物馆优秀社会教育活动案例"。在学术研究方面，出版了《聊城运河文化研究》《运博藏珍——钱币卷》《运河图鉴》等学术书籍。

聊城段运河展厅——忽必烈御赐会通河雕塑

聊城中国运河文化博物馆作为国内首座运河文化专题博物馆，在大运河文化的保护传承利用方面进行了积极有效的探索，提供了以下五点启示。

第一，加强学术交流，壮大人才队伍。引进与培养一批专业型、研究型、创新型、复合型、外向型创新人才，充实研究力量，开展有影响力的学术研究活动，加强与国内外研究机构、兄弟院馆的交流与合作。

第二，深化创先争优，开展社教宣传。利用博物馆学术报告厅、青少年研学教室等社教场所，优化、提升"运博大讲堂"学术交流平台，全面提升运河博物馆综合服务能力。

第三，开展文物征集，加强文物保护。以构建运河藏品体系为目标，不断拓展馆藏文物的征集范围和渠道，丰富藏品种类，增加藏品数量，提升藏品档次。

第四，提升陈展水平，规范临展管理。树立精品意识，创新陈列理念，不断丰富陈展内容，调整优化基本陈展，策划设计特色鲜明的专题展览，并坚持高标准、高品位管理和规划临时展览。

第五，探索文创开发，拓展服务领域。引入成熟、系统的文化产业发展模式，全面提升文化产业发展水平。聘请优秀的手工匠人、非遗传承人等为博物馆荣誉馆员对传统手工艺进行二次创作。

山东省：济宁借力申遗，推进南旺枢纽遗址保护展示

京杭大运河南旺枢纽梁山段位于梁山县韩垓镇开河村。据史料记载，其最早开挖于元朝，目的是沟通南北水运。目前，该河段尚存碑刻一通，上刻"重修开河闸碑记"。该碑大部分被淤埋地下，碑额露出部分高 0.55 米、宽 0.75 米、厚 0.35 米，具体立碑年代不详。运河故道包括以开河闸碑为基点向南长约 1500 米、宽约 25 米的区域。

2010 年国家文物局组织召开了大运河申遗预备名单遴选专家评审会，明确了拟推荐申报世界文化遗产的大运河遗产预备名单，其中梁山开河段被列入申遗预备名单。按照国家、省、市的统一部署，2007—2014 年梁山开河段申遗准备工作不断落实，当地文物、环保、住房、城乡建设、交通、水利、韩垓镇政府等部门各司其职，分工负责，建立了高效协调工作机制，共同广泛宣传大运河保护的重要意义和正确理念，不断组织人员深入实地调查研究，为申遗工作做出充分准备。山东济宁为推进京杭大运河南旺枢纽梁山段保护项目的做法主要有以下几点。

第一，建立协调机制。2006 年 12 月，大运河入围国家文物局申报世界文化遗产预备名单，大运河申报世界文化遗产正式启动。2007 年，济宁市成立了以市政府主要领导为组长的大运河（济宁段）保护和申报世界文化遗产工作领导小组；为全面摸清大运河梁山段基本情况，又抽调专职人员 4 人，专门对京杭大运河梁山段的河道现状与重要遗迹进行了全面翔实的普查，为申遗工作奠定了坚实的基础。

第二，致力环境治理。2013 年 6 月，根据申遗工作需要，济宁市组织人工 1500 余人次，硬化了开河段运河两岸道路 7000 余平方米，铺设路沿石 1000 多米，拆除了河道内违章建筑 5 栋，沿运河两岸新建厕所和垃圾箱各 16 个，粉刷运河岸边民房外墙 8000 余平方米，清运河道垃圾 2000 余立方米，竖立大运河遗产区界桩 6 根，缓冲区界桩 10 根，大运河标志碑和遗产碑各 1 通，绿化河道及两岸 2500 余平方米，制作文化遗产宣传展板 7 个，卫生责任区门牌 80 个，张贴宣传标语 20 余幅，活动新闻报道 10 余次。

2013 年 9 月，世界文化遗产项目国际考察组专家成员莉玛·胡贾女士对京杭大运河梁山段（开河段）申遗准备工作进行了实地考察。通过查看河道现状，对采取的保护措施给予了高度评价。2014 年 6 月 22 日，在卡塔尔多哈举行的联合国教科文组织第 38 届世界遗产委员会会议上，我国京杭大运河成功入选世界文化遗产名录，这也标志着大运河梁山段（开河段）成为唯一的世界文化遗产点。

第三，积极推进保护展示工程。为有效配合大运河申报世界文化遗产工作，提升京杭大运河梁山段的运河河道及周边的景观环境，免受自然力及人为破坏带来的消极影响，更好地惠及运河两岸人民。2013 年委托北京建工建筑设计研究院编制了《南旺枢纽梁山段运河河道保护展示方案》。该方案对大运河历史价值、运河河道及周边环境现状进行了全面分析，针对存在的问题提出了科学合理的整治措施。一是通过拆除后期改建的砖砌护岸，修复残损护岸，平整河底，使河道岸线明晰，基本形制及走向得以保护。二是通过对整治范围内建筑立面进行外立面整治，清理沿线垃圾，营造出与运河相协调的景观风貌。三是配合标识系统及开河闸保护与整治工程，构建合理的参观路线。四是沿运河设置引导标志系统及解说系统充分展示运河的历史、科学、文化等核心价值。五是沿运河河岸线设置界碑明晰管理范围。2014 年 6 月，该方案顺利通过国家文物局审批。2015 年 8 月，根据国家文物局批复意见，又组织北京建工建筑设计研究院编制《南旺枢纽梁山段河道保护展示工程设计》。2016 年 2 月，北京市园林古建筑工程有限公司中标，按照工程技术方案组织实施了拆除开河段后期运河河道砖砌护岸，修复了残损护岸，平整运河河底，种植了结缕草保护护岸，使得运河河道岸线明晰，基本形制及走向得以保护。拆除了河道内占压违章建筑，对整治范围内建筑立面进行立面整治，清理了沿线垃圾，营造出了与运河相协调的景观风貌。对河道沿岸进行了绿化整治，设置文化景观墙和进行文化广场建设。改造了现有运河沿线道路，配合标识系统及整治工程，构建了合理的参观路线。沿运河小道设置了太阳能路灯，完善了照明系统。标识了河道北侧掩埋河道，并且完成河道沿岸孝子牌坊、李氏宗祠传统地方文化的展示。沿运河设置了引导标志系统及解说系统，充分展示了运河的历史、科学、文化等核心价值。

第四，重视历史文化遗产挖掘。相关工作人员在大运河开河段走街串巷，调查走访，搜集了《孝子董天知》《大运河夯歌》《清代名将李龙杰》《革命烈士孙端桐》等历史典故、歌谣谚语、故事传说等 100 余条，发现《重修开河闸记事碑》、开启七年《孝子董天知碑》、道光七年《重修孝子碑》、嘉庆元年《重修太行山行宫建醮圆满碑记》等明清碑刻 10 余通，制作拓片 10 余幅。通过对收集资料的系统整理，从历史传承、姓氏谱系、文物古迹和文化遗存、名人咏开河诗词选注、历史传说和民间故事、开河民俗、开河典型名人简述、战火中的开河、开河的武术与教育九个方面，编制《开河运河古镇历史文化资源汇编》，为以后开河古镇开发建设奠定了基础。

南旺枢纽梁山段保护项目为大运河文化传承保护利用提供了以下几个方面启示。

一是注重整治运河自然环境。优良清洁的运河环境是对大运河进行保护传承利用开发的基础，同时提升对运河界桩、缓冲区界桩、大运河标志碑、遗产碑、文化遗产宣传展板、卫生责任区门牌等的设置，提升运河环境综合治理能力。

二是注重历史资料的搜集整理。通过各类方式搜集与运河相关的历史典故、歌谣谚语、故事传说等，并编辑汇总相关文化资源，汇编成册，为后续大运河的开发建设奠定基础。

三是注重展示运河历史文化。对与运河相关的文化资源进行复原、展示等，为增强游客游览便利性，可沿运河设置相应的引导标志系统及解说系统，多维度展示运河的历史、科学、文化。

山东省：考古保护展示河道总督府遗址，提升"运河之都"品位

河道总督府遗址博物馆项目位于山东省济宁市任城区，旨在以遗址保护与展示的方式对河道总督府遗址进行总体规划，在满足保护规划的前提下，建设集展示、市民休憩、大运河文化研讨交流、文创产品研发、遗址管理、文物修复等相关功能于一体的遗址保护与展示工程。该项目是大运河国家文化公园的重点工程、重要载体，对丰富济宁市"运河之都"内涵、提升"运河之都"品位具有重要意义。

河道总督衙门是京杭运河及相关河道的管理机构，明清治运司运的最高行政机关和最高军事机关，设在山东济宁，为工部尚书宋礼所建，初名为"总督河道都御史署"。明清两代，又先后称为总督河道部道衙门、河道部院军门署、总

督河院署，后人简称为河道军门署、河道部院署，或简称为河道总督衙门。历经 600 余年的河道衙门，先后有 188 任河道总督。其中不仅有林则徐曾在此任职 164 天，也有治河名臣潘季驯一生 4 次来济宁赴任，担任河道总督共 27 年，因一心扑在河道治理上，直到 70 岁时才第一次登上太白楼，因此才有了"才一登临又白头"的典故。

"文化是一个国家、一个民族的灵魂。"贯通南北、沟通内外、联通古今的大运河是展现中华优秀传统文化的历史长廊，京杭大运河 2014 年被成功列入《世界遗产名录》。河道总督府作为运河、黄河的最高行政管理机构，也是军政一体的机构，负责保障大运河漕运的畅通，彰显了济宁段运河的战略地位，济宁也因此被誉为"运河之都"。

2020 年 9 月 27 日，由中国建筑西北设计研究院设计的《河道总督府遗址展览馆等建筑建设项目方案》获国家文物局批复同意。为了加快河道总督府遗址博物馆项目推进，济宁市采取一系列措施进一步强化责任落实、强化制度保障、强化推进，确保任务圆满完成。

一是落实责任。成立了项目推进指挥部，根据项目工作需要，成立项目推进组、工作保障组。坚持一切工作具体化、精细化、责任化，明确一个项目一套班子、一套流程、一抓到底，做到时间倒排、工期倒推、责任倒查，确保事事有人管有人抓、人人有任务有责任。严格坚持一天一调度、一周一总结，卡紧各个环节、压实各项任务，确保按照时间节点如期推进。

二是完善制度。项目推进指挥部严格实行指挥长会议制度，每周召开指挥长会议，由指挥长或政委主持，调度总结工作，分析解决问题，安排部署任务。严格实行日调度制度，各项目推进组、工作保障组每天通过邮箱、微信群或书面形式，及时上报各类信息、项目进展动态及各类重要事项。严格实行项目现场会制度，根据项目建设需要，随时在项目一线调度情况、现场办公、解决问题。严格实行项目推进组协调会制度，各推进组与相关街道、部门建立常态化对接机制，遇有困难和问题，随时碰头沟通、共同研究对策，确保问题不过夜，工作不耽误。严格实行问题销号制度，对照项目作战进度图，及时梳理存在的困难，列出问题清单，明确完成时限；如期完成，及时销号；对不能按时间节点完成任务的，将要求项目推进组、相关街道、部门单位作出书面说明，并作出完成时限承诺。

三是提高效率。坚持指挥部人员全部深入一线、紧靠现场、主动服务，确保工作衔接零距离、办事环节零障碍、服务质量零缺陷。特别是对项目任务实行点对点、一对一、全天候推进，做到事不避难、事不过夜。对项目各项手续办理，全力协调运作，全程跟踪帮办，确保项目推进天天有进展。

四是加强联动。针对需要市级层面解决的问题，紧密与市级部门建立工作联动机制，确保问题尽快解决、圆满解决。针对需要区级层面协调解决的困难，将及时报请区委、区政府安排解决，积极完成各项任务目标。

河道总督府遗址博物馆规划图

总体而言，济宁市河道总督府遗址博物馆项目有以下两个方面启示。

一是多线交织、互为条件、环环相扣。征收拆迁、投资融资、规划建设、文物保护四条工作线，必须高效配合、无缝衔接、压茬推进。按照"堵死后门、节点倒推、工期倒排、四线并进"要求，科学编制工作流程图，把四条工作线每一个节点任务精算到月到天、到责任单位到责任人，建立按图推进、按图督导、按图问责、按图奖惩机制。按照"领导一线指挥，情况一线掌握，问题一线解决"要求，指挥部全员参战、尽锐出战。指挥部紧盯一线靠前指挥，全面把握工作推进节奏，随时研究解决疑难问题。

二是抓项目就是抓发展惠民生，必须做到项目为民让利于民。规划建设河道总督府遗址博物馆项目，目的不仅是打造一张"运河之都"的城市名片，更重要的是带动一个老旧片区的升级改造，让千百户群众告别拥堵脏乱、功能不全的生活环境，让城市更加美好。

河南省：坚持"四个统一"，推进州桥及汴河遗址保护

开封市州桥及汴河遗址是大运河通济渠开封段的重要文化遗产。为了响应黄河流域生态保护和高质量发展战略，加快推进大运河重要文物系统性保护整治，推进黄河文化与大运河文化融合发展，全面实施开封宋都古城保护与修缮工程，建设宋都古城中轴线文化带，2018年10月，经国家文物局批准，河南省及开封市文物考古部门启动了州桥及汴河遗址发掘工作。

开封市州桥及汴河遗址前期考古发掘现场

州桥及汴河遗址保护展示项目占地约 160 亩，总投资约 13 亿元，按照"边发掘、边保护、边建设、边展示"的发展思路，对州桥及汴河遗址进行保护和展示，形成遗址文化区，建立公众考古研学示范基地，构建以文物探挖为核心，学术交流为基础，观览探玩变产业的全新文化研学产业模式。项目计划于 2025 年 12 月完成建设。

　　开封市州桥及汴河遗址保护典型案例在建设中坚持四点战略定位。

　　一是战略与理念统一。项目深入贯彻黄河流域生态保护和高质量发展战略理念，推进黄河文化遗产的系统保护，讲好"黄河故事"，同时作为大运河国家文化公园中的核心亮点，延续历史文脉，坚定文化自信，守好中华民族的根和魂。

　　二是发掘与展示统一。项目规划方案设计与文物挖掘展示相统一，做到边发掘、边展示，方案建设推进与文物发掘、保护、展示、利用同步推进。

　　三是规划与宣传统一。项目规划设计内容与旅游宣传营销相一致，做到设计精致、宣传到位。

　　四是时间与节奏统一。项目建设时间进度与各方节奏相统一，确定总体方案的同时，提出分区推进计划，做到文物发掘、市政基础、区域建设、宣传展示相互协调。

开封市州桥及汴河遗址保护展示项目现场

2020 年 3 月 23 日，在前期汴河遗址发掘工作的基础上，河南省及开封市考古部门正式启动州桥遗址本体考古发掘工作。开封市州桥及汴河遗址保护展示项目具体做法如下。

第一，2020 年 8 月，州桥及汴河遗址保护展示项目临时展示馆建成，作为公众考古研学示范基地对外运营，除考古现场的探访讲解外，还设置了学习田野考古知识的研学课程及互动体验模拟探访挖掘项目。2020 年 9 月 28 日，州桥及汴河遗址公众考古研学示范基地正式对外开馆运营。作为全国唯一的公众考古研学示范基地，一经开放，便引起市民及外地游客想到现场观展学习的兴趣，参加考古研学的游客络绎不绝。

第二，在项目展馆的空间设计上，为充分展示宋代州桥及汴河市井生活的整体格局和遗韵，在保护遗址的前提下，利用玻璃等元素作为遗址展示馆的立面，内部通过廊道连接上下层空间，构成展馆区域内部的基础分层体系。遗址展示区域引入自然光线，最大限度地还原遗址的面貌，利用自然营造沉静的遗址空间。设计将主要参观流线悬吊在空中，通过坡道连接入口和观展层，大小各异的参观环廊穿梭于遗址上方，形成积极的互动体系。游客可通过展示馆长廊下到遗址层，通过玻璃围合的四壁可观赏媒体演示、展示的宋代街景，加上运用现代科技呈现的历史故事、虚拟探访的体验、汴河场景的再现及立体环绕的展示，使游客仿佛一眼梦回千年。

第三，在项目展馆内容规划上，以"涌动的波浪"连接古代与现代，踏浪而行，巡游览胜，以在"活着的历史"中探寻州桥及汴河盛景为主题场景，以"一河·城市命脉""一桥·繁华之心""一城·千年梦华""一念·流韵不息"四大板块将展馆串联，使游客感受到宋文化、运河文明的辉煌璀璨，续写时代新篇章，再现州桥及汴河盛景。

第四，州桥及汴河遗址保护展示项目将结合出土文物、考古研究和历史文献资料，挖掘黄河文化蕴含的时代价值，建设开封大运河国家文化公园。同时，项目将以文化、休闲、娱乐、餐饮、购物为主导，通过改造升级及功能开发、完善，打造大型综合性文化项目和重要的城市文化服务载体。

开封市州桥及汴河遗址保护典型案例提供了如下两点启示。

第一，精心设计项目展馆。通过对自然场景、参观流线等的营造形成与游览者积极的互动体系，提升游客对运河文化的感受力。

第二，创新项目运营模式。打开思路，创新模式，展馆除基本的展陈之外，开发系列研学、娱乐产品，将项目打造成为城市综合性文化项目及重要的城市文化服务载体。

河南省：隋唐大运河文化博物馆，打造运河文化符号

隋唐大运河文化博物馆项目位于洛阳市瀍河区瀍河入洛河处西北角，东临瀍河，南邻滨河北路，与丝绸之路公园隔路相望。博物馆总占地面积47.7亩，总建筑面积约3万平方米，建筑高度为23.9米，投资约5.8亿元。隋唐大运河文化博物馆被《大运河文化保护传承利用规划纲要》《长城、大运河、长征国家文化公园建设方案》《大运河文化遗产保护传承专项规划》列为国家级重点项目，建成后将成为全国重要的运河文化研究与展示基地。

河南省隋唐大运河文化博馆典型案例的几点做法。

第一，选址科学。在充分尊重相关规划的基础上，将隋唐大运河文化博物馆选址于洛阳瀍河入洛河处的西北角（老城区辖区）。该选址位于隋唐洛阳城遗址内，距隋唐洛阳城宫城中轴线约3千米，项目建设既不会对遗址风貌产生影响，又能与其保持一定关联性。同时，选址周边还有全国重点文物保护单位潞泽会馆、山陕会馆及东西南隅历史文化街区。项目区位内整体文化遗产分布，能实现从博物馆运河遗产的系统介绍到地上地下遗产实物支撑的立体展示体系，有助于参观者形成相对完整的隋唐大运河遗产认知，获得良好的参观体验。同时该处区域交通优势明显，可用地规模充足，博物馆建设空间余地大，有利于项目便于旅游配套和公共服务设施的后期布局。

第二，设计理念先进。根据隋唐大运河文化遗产的独特地位，结合隋唐大运河文化遗产的保护现状，借鉴国内外博物馆建设经验，隋唐大运河文化博物馆项

目建筑采用"运河源、隋唐韵、河洛技"的理念，以隋唐大运河的历史、文物、考古遗迹等为基础，通过深度挖掘隋唐大运河的文化特征和文化属性，充分展示隋唐大运河在中国古代政治、经济、文化等方面的丰富文化内涵、作用、价值和意义，彰显隋唐洛阳城作为运河节点城市的时代特色和地域特色，凸显运河之源的象征意义。同时，坚持以生态、低碳、低干扰理念指导博物馆建设、展示和运营全过程，减少对遗址本体的扰动，建设绿色环保型博物馆。

第三，功能定位明确。为充分展示运河文化，体现隋唐时期大运河与洛阳段大运河的历史地位，持续推动隋唐大运河的考古发掘、整理和研究工作，开展大运河文化领域的国内外学术交流，使文物保护成果惠及民众，隋唐大运河文化博物馆以高起点、高规格、大格局进行建设。博物馆建成后，将成为隋唐大运河文化遗产和历史景观保护展示中心、隋唐大运河考古科研中心、隋唐大运河资料信息和遗产监测中心、中国大运河交流合作平台。

隋唐大运河文化博物馆作为典型案例可以借鉴的几点经验。

第一，隋唐大运河文化博物馆的建设原则和内容清晰。隋唐大运河文化博物馆的建设理念是考虑功能定位、展览数量、观众人次预估等关键因素，按照"适度超前、留有余地"的原则进行建设。同时将总体内容划分为四大部分，即"形胜天下，运河中心""千年运河，万物通济""东都盛世，国运繁华""古今辉映，源远流长"，充分展现了隋唐大运河的历史文化变迁。

第二，项目建设结合数字技术更好地展现文化魅力。《国运泱泱——隋唐大运河文化展》拟作为博物馆基本陈列，以贯穿大运河历史的时间脉络为线索，其中一部分以大型沙盘（平置）与多媒体（竖置）组合的方式，营造大环境、大场景，展示居于隋唐运河中心的洛阳的城市地位，以及运河开凿的背景和天才的技术成就。同时从制度、仓窖、舟船、物流四个角度，以仓窖、舟船等大型实物遗存展现沿用千年的大运河是如何运转的。基本陈列既饱含大运河历史文化，又具备现代人观展特性。

第三，充分展现大运河文化符号，融入大运河文化带建设。洛阳作为中国运河的源头、隋唐大运河的中心，规划建设隋唐大运河文化博物馆，进一步强化了隋唐大运河国家文化符号，集合隋唐大运河文化资源优势，精选凸显文化特色的标志内容，真实展现大运河的历史风貌和文化价值，增强人们对国家、民族和文化的认同感。同时，为大运河文化保护传承利用提供有力支撑，洛阳乃至河南融入国家大运河文化带建设战略之中。

河南省：加强夏邑段考古勘探，完善综合场馆展示体系

大运河夏邑段又称通济渠商丘夏邑段，贯穿夏邑县的济阳、罗庄、会亭三个乡镇，西起虞城县站集乡沙岗村，东入永城市马牧乡马庄村，全长 27 千米，是隋唐大运河通济渠的一部分。该段运河至今仍保留着零星分布的故道水面，其中一处长约 500 米、最宽处约 30 米的水域，是郑州以东唯一一处保留有水面的运河故道，大运河"隋堤烟柳"的历史景观或可恢复。目前，大运河遗址一期展示工程已完成；大运河遗址保护展示工程已完成；遗址保护展示棚已建成，建筑面积 2109 平方米，园区面积约 32000 平方米，已完成园区绿化、园区道路、管理用房、卫生间、围挡、停车场等附属项目，通济渠商丘夏邑段文化遗产展示馆已完成布展。

通济渠商丘夏邑段周边交通便捷，北距连霍高速 10 千米，西距济广高速 15 千米，南距宿登高速 25 千米，省道 325 和省道 326 在规划区穿过。距郑徐高铁商丘站、砀山南站均在 50 千米以内。坚持"保护好、传承好、利用好"的理念，有计划、有规划、高站位地开展大运河遗址保护展示工程。以已经发掘的顶宽 25 ~ 30 米的南北大堤、多次修建的主堤外护坡堤、堤上建筑基槽、堤内坡分布密集的行人脚印、动物蹄印、木桩遗迹、南堤外顺河堤修建的 16 米宽的古道路、100 ~ 120 米宽的河道等遗存为主要展示内容。

通济渠商丘夏邑段遗址保护展示工程建设典型案例主要有以下几个方面做法。

第一，商丘夏邑段遗址保护展示工程，分级分类建设大运河文化专题博物

馆或展览馆，充分利用 3D 影像科技、多媒体互动展示、数字讲解阐释及场景模拟展示等手段，提升大运河整体展示水平，形成特色突出、互为补充的综合博物馆展示体系，配套建设服务中心、解说与引导设施等，统筹用好大运河沿线古村古镇、名人故居、会馆商号、工业遗产等各类展示空间。主要针对通济渠商丘夏邑段遗址已发掘部分（位于济阳镇东刘铺村西，325 省道以南），结合景观设计、建筑设计，辅以相关沙盘、展板、展示标识牌、解说词、多媒体等展示手段，进行通济渠商丘夏邑段遗址的整体全面展示。

第二，通济渠商丘夏邑段遗址利用工程充分挖掘、利用了大运河通济渠夏邑段遗址文化资源。新建大运河遗址公园（利用浅根系花草树木与现代文明相结合体现古运河特色，打造休闲服务于一体的娱乐景点），同步配套建设服务体系、监管体系等建设设施，保持现有河道形态，加强遗产保护，对目前有水河段开展生态修复，兼顾文化和景观功能。统筹运用好现有的大运河文化遗产资源，建设绿野水韵游憩带、隋唐小镇休闲区、康体养生度假区、现代农业示范区、乡村风情体验区，打造成集文化、旅游、服务于一体的大运河生态文化旅游区。紧抓"十四五"规划之年机遇，积极完成了夏邑隋唐大运河文化旅游区项目申报和专项债券申报工作。目前，该项目选址、规划、用地、环评、建筑工程施工等申请意见已批复，夏邑隋唐大运河文化旅游区建设项目拟申请专项债券资金 2.5 亿元已申报，等待审核通过。

第三，积极申报大运河文化遗产保护传承项目。一是通济渠商丘夏邑段（济阳镇）二期保护展示工程。该工程位于遗产保护核心区内，是通济渠商丘夏邑段（济阳镇）遗址保护一期展示工程的延续。二是通济渠商丘夏邑段（济阳镇）遗址核心保护区景观风貌整治项目，总占地面积 6 亩，搬迁通济渠商丘夏邑段（济阳镇）遗址核心保护区内的 11 千瓦时变电站。三是通济渠商丘夏邑段（济阳镇）遗址 27 千米深入考古勘探工程，对通济渠商丘夏邑段（济阳镇）遗址 27 千米进行考古调查勘探。主要对通济渠故道济阳镇段考古详探，对夏邑县境内 27 千米的通济渠故道实施普探，确定通济渠故道及潜在水工设施遗存的准确分布范围。河南省文物局已对该申请项目进行了批复，并报请河南省考古研究院编制考古方案。

通济渠商丘夏邑段遗址保护展示工程建设典型案例提供了以下几个方面的启示。

第一，应完善旅游公共服务配套。推动大运河沿线全域旅游发展，在核心区合理设置旅游咨询中心，游客集散中心、分中心和集散点，区域性旅游应急救援基地等旅游公共服务设施，改造提升沿线重点景区水电、安防消防、应急救援系统等设施条件。

第二，打造精品线路。精心谋划标志性文化工程，包括打造特色小镇、文化旅游小镇、文物保护单位等文化载体。充分挖掘历史文化遗存，创新展示手段和形式，展现儒家文化、农耕文化、特色民俗文化、红色文化，大力发展休闲农业和乡村旅游，打造文化旅游精品线路。

第三，弘扬大运河文化，展示大运河文化魅力。保护和传承好大运河沿线积淀了几千年的戏曲文化、饮食文化、民俗文化等众多文化类别和非物质文化遗产。建成含展览区、互动体验区、展演展示区等，运用声光电、实物、图片影响等手段的非遗展示馆和非遗传习基地。创作大运河文化艺术作品，展示大运河文化魅力与深远的影响。

第四，用旅游思维做好大运河文化带的文化产业。充分挖掘、利用大运河文化资源，将优秀文化资源优势转变成优势文化产业，对大运河文化带沿线的古镇、传统村落、传统建筑、文学、非遗、特色文化等要素进行旅游文化包装，把文化标志、产业要素、形象推广、休闲度假服务与旅游景观、产业、文化结合起来，大量输出文化产品的同时，潜移默化地宣传大运河文化。用旅游要素、文化景观、运河古镇等产业要素讲好大运河故事，在活化历史的智慧里，让运河文化成为旅游新亮点、文化新产业，提升大运河文化带的知名度和美誉度。

第二章　大运河生态带建设典型案例

天津市：发布细则，筑牢大运河空间管控机制

天津市委、市政府高度重视大运河文化保护传承利用工作，在国家发改委和自然资源部的大力支持与悉心指导下，在天津市大运河文化保护传承利用暨长城、大运河国家文化公园建设领导小组（以下简称"市大运河领导小组"）的精心部署下，天津市规划和自然资源局会同市大运河领导小组其他成员单位，编制了《大运河天津段核心监控区国土空间管控细则（试行）》（以下简称《细则》）。2020年5月8日，《细则》经天津市人民政府批复，成为天津市具体落实《大运河文化保护传承利用规划纲要》的指导文件。

《细则》重点规定了以下内容。

首先，《细则》严格落实《大运河文化保护传承利用规划纲要》精神，按照国家各部委要求，尤其是自然资源部对解决国土空间工作的难点重点问题的要求，紧密结合天津实际需要，分别从国土空间布局与用途管控、空间形态与风貌管控、土地资源集约节约利用管控等方面提出了管控要求，突出了保护传承的内容和核心要义，体现了最为严格的管控，同时兼顾了长远发展。通过深入领会《大运河文化保护传承利用规划纲要》要义，《细则》在核心监控区上创新性地叠加滨河生态空间、生态保护红线区、大运河文化遗产区后，形成8个具体管控分区，各层重叠、交叉部分按照最严格的层级要求管控，且应同时满足各层级要求，实现无缝管控。

其次，《细则》在国土空间布局与用途管控方面，对大运河两岸国土空间实施严格的用途管制，突出规划引导，着重保护文化遗产和生态空间，鼓励增加生态空间、稳定农业空间、控制建设空间。严格控制大运河沿线地区生态空间转为农业空间、城镇空间。

再次,《细则》在空间形态与风貌管控方面,核心监控区严格保护自然生态环境和传统历史风貌,突出世界文化遗产保护。大运河沿岸控制城市景观视线走廊,保护运河水工遗存与大运河河道之间在遗存本体与周边地区空间形态的关联关系,不得破坏历史空间环境及要素整体保护运河沿岸自然生态环境和传统历史风貌,整体保护大运河沿线空间形态。

最后,《细则》在土地资源集约节约利用管控方面,核心监控区实施建设用地总量控制和减量化战略,制定和完善土地节约集约利用方面的制度、措施和土地使用标准,严格控制建设用地总量在国土空间规划确定的目标之内,实现新增建设用地规模逐步减少。核心监控区建成区着力盘活存量,非建成区从严控制增量,有序放活流量,不断提高土地节约集约利用水平。

天津市在政策制定上的探索创新为其他省市提供了良好的借鉴经验。

一是科学制定《细则》编制原则。深入挖掘大运河承载的文化价值和精神内涵,深入研究保护运河本体与周边地区在实体、空间精神方面的关联关系,提出了科学规划、突出保护,古为今用、强化传承,优化布局、合理利用的具体原则。同时,处理好保护与发展的关系,坚持在保护基础上做好文化传承和生态永续发展。

二是以研究支撑政策制定。在《细则》编制过程中,组成多个研究课题组,对《大运河文化保护传承利用规划纲要》中的国土空间形态方面重要概念、保护范围、保护要素与保护原则等一系列涉及文化、文物、规划、建筑、水利、环保等领域的技术问题进行专题研究,为《细则》制定提供技术支撑。

三是坚持问题导向,抓住主要矛盾。《细则》编制紧紧围绕规划、土地、文化遗产保护、生态环境保护、产业准入等方面的难点问题,有针对性地量身定制国土空间管控措施。

四是因地制宜,体现地域特色。《细则》的编制结合天津市自然地理和生态环境状况、经济社会发展程度,体现天津地域特色,创新性地划定了8个具体管控分区,明确了管控范围,实现无缝管控。

五是部门协作,凝心聚慧。《细则》编制过程中,各管理职能部门共同参与、集思广益,整合了大运河保护传承利用的现有政策、规范、规划等,形成政策合力。文物部门明确了大运河文化遗产区的具体管控范围和管控要求;国家发改委会同生态环境、工业和信息化等部门提出核心监控区负面清单，明确产业准入要求；规划和自然资源部门从国土空间布局与用途管控、空间形态与风貌管控、土地资源集约节约利用管控等方面提出管控要求，明确了滨河生态空间非建成区正面清单；水务部门划定了大运河河道起始线。

与此同时，天津市始终坚持政策执行要"一把尺子量到底"。按照《大运河文化保护传承利用规划纲要》要求，天津市对大运河沿线项目建设实施最严格的规划管控。《细则》实施后，在国土空间层面，天津市将《细则》作为衡量大运河沿线建设项目是否符合《大运河文化保护传承利用规划纲要》空间管控要求的统一标准。一是在市大运河领导小组领导下，对大运河核心监控区内建设项目按照《细则》逐一衡量，"一把尺子量到底"。二是严格落实滨河生态空间非建成区正面清单和核心监控区产业准入负面清单"两个清单"，突出自然生态环境、传统历史风貌和文化遗产"三个保护"，守住生态保护红线、岸线起始线、文化遗产线"三条底线"。

天津市：依托花卉经济，承运河文脉展花乡风情

在大运河文化带建设稳妥有序展开的背景下，天津市西青区中北镇借助区位文化优势，为自身在运河文化带建设的顶层设计蓝图中争取优先的位置。运河文化旅游区项目在分析京杭大运河天津中北段贯通东西、联络千年古镇杨柳青优势的基础上，从中北镇有两百年种植花卉历史方面切入，提出传承、弘扬天津运河文化旅游区的对策，文化资源的通盘考虑和商业结构的融合与升级成为重要亮点。运河文化旅游区的建设与大运河文化相结合，与"百年花乡中北镇"相结合，与绿色出游和花卉特色产业相结合，通盘考虑，融合打造"百年花乡"特色品牌，带动南运河文化带中北镇运河文化旅游区的发展，促进中北镇休闲农业与

家具家装产业的协同发展，着力打造文化、旅游、商业于一体的综合旅游区。

一水白帆点点，两岸杨柳依依。千百年来，京杭大运河源远流长，悠悠运河水孕育着两岸广袤的土地。依运河而生的中北镇曹庄，依靠独特的地理位置和地缘优势，至今有上百年的花卉生产历史，自清末起就盛产晚香玉（俗称夜来香）、菊花、霸王鞭等，畅销市区，远近闻名，被誉为"中国晚香玉之乡"，素有"百年花乡"之称。改革开放以来，中北镇政府根据农业发展的趋势，积极进行农业产业结构调整，引导农民退菜种花、退粮种花，大力发展以花卉为主的精品农业，使花卉生产得到了前所未有的发展。为发展花卉产业，方便花农销售，中北镇政府于 1989 年在曹庄村东建设农贸花卉市场，1998 年 11 月建成曹庄花卉中心南厅，2002 年建成北厅，同年建成花卉露天市场。自此，曹庄花卉市场成为华北地区集种植、加工、经营、培训、信息指导为一体的花卉基地，成为天津地区花卉市场的重要源头和华北地区超大型的南花北运中转集散中心，并先后被授予"全国重点花卉市场""全国农业旅游示范点""中国企业诚信经营示范单位""天津市农业产业化经营市级重点龙头企业""天津市文明单位""守合同重信用企业""天津市休闲农业示范村（点）"等荣誉称号。

花卉经济的长足发展催生了花卉旅游，为适应这种需要，中北镇政府于 1998 年开始逐步建设围绕花卉产业的服务项目，"循着百年花乡，走进热带雨林"，2003 年建成了天津热带植物观光园，园内四季繁花似锦，硕果累累，一片繁荣，成为津门著名的旅游景点，在获得显著的经济效益的同时，社会效益取得了更高的成绩。世界花卉文化、雨林文化在这里交相辉映，巧妙和谐地融合在一起，构成了一幅"花鸟鱼虫源于自然，怡情养性乐在其中"的绝美画卷。

天津热带植物观光园建筑面积 40000 平方米，是一座集观赏娱乐、休闲购物、科普教育于一体的综合旅游景区。园内种植了热带、亚热带植物数千种、数十万株，蒲葵、大王椰子、华盛顿棕榈等棕榈科植物鳞次栉比，尤以加拿利海枣、龙血树等最为珍稀。园内利用现代化温室技术在北方营造热带气候，展现原始雨林景观，冬暖夏凉，四季如春，是全天候四季观光景区，被人们称为"北方的西双版纳"，是国家 4A 级旅游景区，国家级科普教育基地。为了传承"百年花乡"文化，植物园景区不断改革创新文旅活动。每年 9 月至次年 2 月举办的冬季雨林文化节系列活动项目参与性强、市场化运作程度高，活动最大限度地突出了景区全年绿色观光的特色，以及深厚的花卉文化底蕴，并结合多种民俗文化展示，形成了天津市冬季旅游市场具有特色的亮点旅游景区，深受京津冀鲁游客的热捧。近年来举办的"百年花乡"运河文化节是推出的旅游节庆品牌，它整合中北全域旅游资源，以每年4月的花卉生态旅游节为起点，将在全年不同时期、不同会场打造不同主题活动，形成完整的中北特色运河文化旅游季。2021年5月1日至5日，"百年花乡"运河文化节暨春日市集开幕活动，以"春日特色市集"为主题，在运河文化旅游区形成特色市集。

中北镇依托大运河建设运河文化广场，让市民漫步于良好的运河生态系统内。习近平总书记就京杭大运河的保护开发多次作出指示："大运河是祖先留给我们的宝贵遗产，是流动的文化，要统筹保护好、传承好、利用好。"天津市委、市政府也多次进行研究部署，为落实习近平总书记和天津市委、市政府要求，中北镇从生态入手，深挖运河文化，将运河历史与景观相结合，更便于居民群众接触运河、了解运河、感受运河。

运河文化广场坐落于南运河中北段，起始位置为外环西路以西、万卉路以东、御河道以南、卉锦道以北，占地面积约190000平方米，其中南岸46376平方米、北岸102159平方米、水域面积41465平方米，投资1.6亿元。地块内河流长度约700米，宽度约40米，绿化总面积约44000平方米，是集游憩、聚会、文化和历史展示等多功能为一体，独具景观特色和运河文化内涵的城市会客厅。北岸景观主要有游人码头、文化展示浮雕，凸显运河文化和漕运文化。河道沿岸各村位置地图、驳岸浮雕、绿植花卉等景观，传承中北镇"百年花乡"文化历史。南岸景观主要有大型下沉广场、露天舞台、观演平台、多功能广场、亲水阶梯驳岸、滨水步道等。南北两岸场地满足了游客游览、休闲、健身、集会庆典等多方面的活动场地需求。广场自投入使用以来，已成为广大市民游玩休闲和举办文艺演出的好去处。

运河文化旅游区内的商业项目共有三大部分：一是宜家家居，现正常营业；二是生活馆项目，已提升改造完成；三是曹庄花卉市场，正在升级改造中，目前年接待游客量达到300万人次，年交易额达到1.5亿元。曹庄花卉市场改造完成后将分为三大区域：一是南区水族馆，主营水族和宠物；二是北区花卉馆，主营精品花卉；三是花街，作为情景式鲜切花交易区。

位于运河文化旅游区内的宜家家居中北商场，占地约 46 亩，总建筑面积 79612 平方米，分为地上三层、地下一层。2019 年 6 月 27 日开业，年客流量达到 1000 万人次以上，2020 年营业收入近 3 亿元，纳税超千万元。与宜家紧邻的生活馆项目前身是希乐城儿童探索乐园，因儿童探索乐园市场发展前景不明朗，经营效益明显下降，入不敷出，现已对其进行转型，结合宜家家居及曹庄花卉市场进行通盘考虑，取其长处并结合自身场馆特征进行互补，将原希乐城转型为生活馆，与宜家家居形成呼应，共同丰富区域品质家装服务商资源，打造中北商圈"家"主题商业新格局。生活馆为二层建筑，一层部分家装、部分中式传统家具展销，二层为家装。生活馆作为运河文化旅游区"一带、两园、三馆"中的一馆，建筑面积约 18000 平方米，以中国最大的家装公司之一——业之峰作为项目品牌主力店，项目于 2021 年 5 月对外运营。宜家中北店和生活馆的建成和开业，能够与曹庄花卉市场和周边的永旺购物中心等商业项目形成集群，为运河文化旅游区的建设锦上添花，区域的商业集群化也将更加完善。

运河文化旅游区项目建设带来了一些启示。

一是在建设过程中，打破了单一的文化、商业、旅游产业建设模式，以政府引导、企业主体、市场化运作为长效发展机制，沿运河两岸重点打造以运河文化为脉、以旅游为龙头、以商业为载体的文商旅特色综合体，融合多元文化，复合多样业态，完善载体功能。

二是运河文化旅游区项目以转型升级、提质增效为主线，以市场需求为导向，坚持"整治、创建、提升"三个并重，突出"景区业态、内涵品质、综合功能、配套设施、管理服务"五大重点，通过改造力争建成生态环境优美、文化特色鲜明、服务品质良好、综合效益突出、市场竞争力强的精品旅游景区。

三是提升改造完成后的运河文化旅游区包含"一带、两园、三馆"，一带是运河文化带，两园是生态观光园、户外游乐园，三馆是生活馆、花卉馆和水族馆，集创意花卉、高端家居、观赏水族、精品园艺、休闲游憩和儿童娱乐于一体，聚集多种主题，增强了复合性及多元性，提高了游憩体验价值，成为一站式休闲度假旅游目的地。

天津市：编制水系规划，立足长远需求做设计

为做好大运河天津段文化保护传承利用工作，天津市水务局、天津市港航管理局组织技术团队，以问题为导向，开展大运河碍航设施和基本情况调查工作，分析存在问题与面临形势，共同编制完成《大运河天津段河道水系规划》，主要包括改善河道水系资源条件、完善防洪排涝保障、促进岸线保护和服务提升、推进绿色航运发展等内容。

规划范围为天津市境内大运河干流段，以河西务木厂村附近的木厂闸作为本次规划的起点，终点为南运河九宣闸，共计182.6千米，总用地面积381.5平方千米。大运河主要包括北运河88.6千米，南运河88.5千米，海河2千米，子牙河3.5千米。

规划目标从2025年到2050年。2025年，预期大运河天津段基本实现正常来水年份全线有水，因地制宜实现分时、分段、分区域旅游通航；防洪、排涝达标建设基本完成，免除常遇洪涝灾害对生命财产和生产生活的威胁；水环境质量全面好转，北运河屈家店子北汇流口段河湖水功能区水质目标日常Ⅳ类、输水期Ⅲ类，其余段达到Ⅴ类以上水体标准。大运河水利水运设施条件和公共服务保障能力显著改善。因地制宜推进航道疏浚、改造桥梁闸坝，力争实现以满足观光旅游为主的局部通航。到2035年，大运河天津段实现正常来水年份全线通水，生态环境得到根本改善，已通航河段航运效能有效提升；防洪、排涝达标建设全部完成，水环境质量全面提升，北运河屈家店子北汇流口段河湖水功能区水质目标日常Ⅳ类、输水期Ⅲ类，其余段北运河和南运河达到地表水Ⅳ类以上标准。2050年，主要指标达到国际先进水平，全面保障水安全，一条包容开放、俯仰古今、贯通南北的大运河以全新姿态展示在世人面前，河道水系畅通，河湖安澜有序，清水长流、水景交融，"千年运河"文化旅游品牌享誉中外。

大运河天津元宝岛段

　　规划立足南运河和北运河现状，以优化水资源配置、提升防洪排涝能力、加强岸线保护与利用、加强水生态保护与修复等为重点。针对天津市水资源、水生态、水环境承载能力严重不足的现状，通过北运河、南运河沿线蒙村橡胶坝、筐儿港枢纽等现有主要拦河闸坝等节点蓄水，大力利用再生水向河道补充生态水，努力实现河道有水，合理布设绿色景观，构建绿色生态廊道。按照国家节水行动和天津节水行动方案要求，强化陆域节水和治污，加强农业面源污染防治及城镇污水处理，持续改善运河及沿线区域生态环境。针对北运河、南运河部分河段防洪排涝仍未达标的实际，加强重点河段防洪排涝能力建设。考虑区域水资源条件、跨河建筑物改造拆除耗资、货运经济性、冰封期等因素，推进适宜河段通航，优先实现部分区段旅游通航，深入论证全线复航的可行性和技术经济性。充分衔接雄安新区建设，研究推进实现白洋淀与京杭大运河水系联通和旅游通航，配合做好水利文化遗产遗迹保护工作。

　　大运河天津段河道水系规划有以下经验借鉴。

　　首先，应当立足战略长远要求。大运河文化传承保护利用是国家战略要求，规划的编制需立足战略要求，为远期发展留有余地，同时要兼顾服务天津市城市经济社会发展战略要求，注重内河通航与城市发展相协调，构建良性互动发展格局。

其次，要加强统筹协调。大运河天津段河道地处北京市、河北省、山东省下游，水资源相对受限，而绿色航运是一项复杂的系统性工作，需要统筹好发展与保护、传承与利用、治理与管控的关系，协调好防洪、排涝、灌溉、通航、遗产保护、生态环境等各项功能，实现防洪保安全、优质水资源、健康水生态、宜居水环境和先进水文化，满足沿线群众对"幸福运河"的热切期盼。此外，要注重天津特色。打造天津市大运河文化带，是展现津沽文化特色、构筑京津文化高地、连接京津冀协同发展和雄安新区建设等国家重大战略的主要体现，是实现以文化为引领促进天津经济高质量发展、社会和谐繁荣的重要抓手；是创建全国运河示范，塑造"魅力天津"新名片，诠释天津包容、开放、多元文化品格的重要载体。

再次，要处理好近期与远期的关系。海河流域实行最严格水资源管理制度，以水定需、量水而行、因水制宜，强化水资源承载能力刚性约束，合理配置生态、农业、通航用水，不断提高水资源利用效率和效益是基本前提，需要正确处理好内河生态、农业、通航的近期与远期之间的发展关系，因地制宜、量力而行、稳妥推进、注重效益。

最后，推动建立长效机制。创新大运河管理体制机制，进一步深化涉水事务管理改革，构建与大运河保护和利用适应的一体化管理机制、联防联控机制、投融资机制、工程管护机制等，强化依法治水管水，加强运行管护和岸线管理，形成长效机制。

河北省：完善规划体系，奠定运河保护坚实基础

大运河河北段全长530多千米，涵盖北运河、南运河、卫运河、卫河及永济

渠遗址，拥有分洪设施、险工、水闸、桥涵等文化遗产 30 处，以及由运河衍生的大名府故城、沧州旧城等周边文物遗存 26 处，沧州武术、吴桥杂技等国家级非物质文化遗产 13 项。大运河河北段类型齐全、样态真实、水工技术独特、历史文化遗产丰富，是大运河在黄河以北最具代表性河段。

河北省大运河文化带作为文化生态发展走廊全面实现，与大运河沿线各省市共同形成世界知名的"千年运河"文化旅游品牌。展望 2050 年，全面建设成满足人民日益增长美好生活需要的魅力运河、美丽运河、多彩运河，成为京津冀世界级城市群区域重要的生态空间和亮丽的文化名片，与中国大运河整体成为中华民族伟大复兴中的辉煌画卷。

河北省对照中共中央办公厅、国务院办公厅印发的《大运河文化保护传承利用规划纲要》，编制了《河北省大运河文化保护传承利用实施规划》及文化遗产保护传承、河道水系治理管护等 6 个专项规划，沿线 5 市、雄安新区都制订了本地实施方案，同时根据《大运河文化保护传承利用规划纲要》中"魅力运河、美丽运河、多彩运河"的战略定位，结合大运河河北段的特点，重点对大运河沿线地区的景观设计和建筑风貌提出具有较强的指导性引导。为进一步提高规划水平，河北省会同清华同衡设计研究院编制了《河北省大运河整体景观和城市建筑风貌规划》（以下简称《景观风貌规划》），形成了"1+7+1"规划体系。

"1"即《河北省大运河文化保护传承利用实施规划》；"7"即《交通体系建设专项规划》《生态环境保护修复专项规划》《河道水系治理管护专项规划》《文化和旅游融合发展专项规划》《文化遗产保护传承专项规划》《土地利用专项规划》《景观风貌规划》；后一个"1"即《河北省大运河文化保护传承利用实施方案》。

"1+7+1"规划体系，理清了河北省大运河规划建设总体思路，明确了重点建设目标任务，为科学有序推进全省大运河规划建设工作提供了顶层设计，为督促沿线各地开展并落实相关工作提供了有力支持。"1+7+1"大运河规划体系充分体现出规划科学性、协同性，明确主体思路，从各方面推进运河文化带建设。

河北省以规划体系建设为抓手，强化顶层设计。完善规划体系，以省级规划体系建设为引领，确定总体工作思路，明确重点目标任务，为科学有序推进工作提供顶层设计，以便市县填充内容、落实工作。提高规划水平，编制高水平规划。河北省发改委委托清华同衡设计研究院骨干力量编制了《景观风貌规划》，并组织召开了《景观风貌规划》专家评审会。评审组专家对《景观风貌规划》给予了高度肯定，并提出了若干建议和意见，对规划的改进完善提供了有力支持。《景观风貌规划》在省级层面上总体把握大运河整体景观和城市建筑风貌设计，对指导全省大运河统一、合理、有序组织规划实施，将产生积极作用。

以下为河北省的相关经验。

一是以协同联动为支撑，狠抓落地实施。成立领导小组、联席会议办公室。省、市两级成立不同形式的领导小组或联席会议，督促县抓紧成立工作专班（运营平台），尽快形成省、市、县三级大运河文化带建设的工作专班体系。定期组织召开工作会议，研究协调解决大运河文化带规划建设当中遇到的重要事项、重大问题。建立工作台账，落实推进机制。为进一步推动省级各项规划和实施方案的落地落实，借鉴国家有关做法，各地实施方案经省联席会议审议后印发实施，督促县建立工作台账，尽快形成省、市、县三级建设任务工作落实制度。通过工作专班推进实施方案（工作台账）的落实，形成省领导牵头抓总、省部门制定政策抓统筹协调、市县两级政府抓落地实施的大运河文化带建设推进机制。

二是以统筹融合为依托，明晰各方责任。坚持政府主导，市场化运作。河北省坚持党委领导、政府主导、统筹规划、分步分段实施和属地负责、市场运作的原则，持续高质量推进河北段大运河文化遗产保护传承、河道水系治理管护、生态环境保护修复、文化旅游融合发展、城乡区域统筹，为河北省大运河文化带建设奠定坚实基础。落实责任部门、责任人。为了保证大运河文化带规划建设的持续性、一贯性，有必要明确一名相对固定的分管领导负责，持续推动大运河文化带规划建设，同时，制定责任人清单，将工作台账内容落实到具体负责部门和责任人，做到有据可查，责任清晰。

江苏省：丰县依托文化科技，提高全民湿地保护意识

　　江苏丰县黄河故道大沙河国家湿地公园地处江苏省丰县大沙河境内，是南水北调重要生态东线工程西侧分支线路水生态安全的重要屏障，对保障大沙河生态安全和促进丰县经济社会可持续发展具有重要作用。为实现湿地公园的宣传教育功能，提高全社会湿地保护意识，2018年5月开始修建丰县黄河故道大沙河国家湿地公园湿地馆。该馆总面积达5074平方米，建筑面积约2000平方米，展示面积约1400平方米，投资金额达2000万元。其中工程建设主体为徐州大沙河旅游开发有限公司（县城投下属全资子公司），负责湿地公园各类工程招标工作，县城投公司负责筹集湿地公园项目建设资金。

　　湿地馆修建于江苏丰县黄河故道大沙河国家湿地公园内，黄河故堤旁，是黄河故道大沙河国家湿地公园集中化、主题化开展科普工作的场所，重点展示黄河文明的发源、流域的自然及地理特征、生物资源、人文特征、历史文化、文学典故、环境保护，以及黄河改道的历史溯源、近现代黄河治理等内容。

丰县黄河故道大沙河国家湿地公园湿地馆

在空间设计上，丰县黄河故道大沙河国家湿地公园湿地馆建筑外形采用苏北典型"三合院"模式，主房、厢房、围墙形成院落布局，在外形、布局、结构上又富有变化。空间布局上主要由四个展厅构成，第一展厅"黄河之水天上来"，第二展厅"故黄河第一城"，第三展厅"万物吟唱，湿地奏鸣"，第四展厅"自然共舞，走进微湿地"。以黄河故道为主题，阐述沙河湿地的前世今生。同时融入现代科技并进行了相应创新，将如今前沿的展览科技与大沙河国家湿地公园最具代表性的展示元素相结合，形成了情境与语义巧妙结合融为一体的展示空间，使观览者在愉悦的参观过程中形成对湿地立体而丰富的认识。

湿地馆内部第一展厅

湿地馆内部第二展厅

该项目主要功能包括以下四点。

第一，通过综合应用最新的设计理念，借助目前高科技手段，结合场景、实物、文字，运用镜头式的手法，以地质沙盘结合建筑模型展现古黄河的地质水文和沿岸风土人情。

第二，采用增强现实（AR）技术和对话式空间，通过多种现代媒介——图画、文字、影片多媒体互动等进行隔空对话，充分展示丰县历史文化和人文精神。

第三，设置了互动空间和3D体验项目等，以空间氛围增强代入感，让参观者身临其境，充分感受湿地独一无二的美，增强了参观者的体验感，加强了教育功能，让游客能够更加深入地了解湿地、认识湿地。

第四，利用照片、书籍、标本等形式，在室内向大众展现河流湿地的自然景观、人文景观、湿地文化、湿地功能等。

在运营模式上：首先是积极争取各级政府和各部门的支持；其次是在建设上，充分发挥了政府部门、县城投的保障优势，通过多方资金支持在湿地"全面保护、科学修复、合理利用、持续发展"上保持强劲动力，同时提高各级领导干部对湿地的思想认同，层层传递，形成广泛社会效应；再次是在运营上，湿地馆进行免费开放，在相对应的互动区域有收费型体验项目，配有其成品的器物展示及销售，在不改变宣传教育的本质上，实现湿地馆建设工作的社会性、群众性及公益性；最后是在推广上，与学校共建，加强学生的宣传教育功能，扎实开展湿地进校园、学生进湿地活动，积极推进湿地知识的传播和普及，通过一个孩子带动一个家庭，千万个孩子带动千万个家庭，凝聚强大的宣教效应。

总体来看，"体验式展览"很好地借用了江苏丰县黄河故道大沙河国家湿地公园的资源优势，通过完善的科普宣教体系、多样化的宣教途径和丰富的科普宣教内容，提高了公众及社区群众意识，使湿地馆成为国内收集、整理、研究黄河故道历史、文化最为全面、权威，宣教内容最为丰富的专项展示馆。

黄河故道大沙河国家湿地公园湿地馆提供了以下几点经验。

第一，提高科普教育基地的综合服务功能。湿地公园自建设以来，设有专门的管理机构，建立了完善高效的管理队伍，改进与提升了湿地管理理念，加强了湿地管理能力建设，将湿地公园建成一个传播湿地知识、进行环境教育、宣传科学思想的科普教育基地，逐步实现了科学化、知识化、大众化，进一步提高了湿地馆的文化传播效能。

第二，提升湿地馆科普展示水平。湿地馆以"南水北调""黄河故道""河流湿地""生物多样性"等为主题，结合当地黄河故道文化、汉文化和农耕文化，积极引进利用多媒体、虚拟现实和人机交互等现代信息技术，借助目前高科技手段，使公众近距离体验文化魅力。同时，加强微信、App 等新媒体技术在科普宣传工作中的推广运用，提升湿地科普活动吸引力。

第三，深入开展各类科普宣传活动。结合"科普三大活动""全国科普日""世界湿地日""世界环境日""世界地球日"等重大主题活动，开展湿地保护专题讲座、湿地科普游览体验等多种形式科普活动，加强湿地馆的科普宣教影响力，实现了生态科普教育和生态旅游有机结合。

第四，进一步发挥科普带动作用。鼓励支持在职工作者、动植物保护协会、在校学生、当地村民等各界人士发挥专业特长，成立各类科普志愿者组织，参与湿地科普宣传工作。有计划地开展对科普专兼职人员的业务培训，提高科普教育服务能力，充实科普工作人才队伍。

江苏省：南京高淳区退圩还湖，迎来拥湖发展时代

固城湖是长江下游水阳江、青弋江流域的重要调蓄湖泊，也是南京城区备用水源地、高淳区集中式饮用水源地，提供高淳区 70% 以上人口的饮用水和 83% 的农田灌溉用水。20 世纪 60 年代到 80 年代，为保证粮食供给，当地在固城湖周边陆续实施湖滩围垦，经过历史演进，湖区面积逐渐缩小到今天的 31.99 平方千米，不及当年一半。由于圩区的推进，固城湖北侧被压缩为一个"葫芦口"，形成了东西两个大小湖，其蓄水能力、水体流动性、水质都有所降低。

2016 年，水利部制订《退田还湖试点方案》，固城湖被列入试点湖泊。高淳

区随即制订了固城湖退圩还湖试点实施方案，获水利部批复后开始实施。项目总投资 30 亿元，建设起止年限为 2019—2023 年，涉及当地 10 个自然村、9821 人，螃蟹养殖区 500 多万平方米。

固城湖退圩还湖工程建设地址位于江苏省南京市高淳区淳溪街道永联圩和永兆圩，西临红砂嘴，东临漆桥河，北临滨湖科技新城，南至永联圩老圩堤。建设内容主要包括：一是新建堤防工程，拆除永联圩和永兆圩部分老堤，在北侧新建 6.2 千米堤防；二是取水设施改建工程，改建取水口和取水泵站，重新布置取水管线；三是平圩清淤工程，包括圩区蟹塘清除及小湖区清淤；四是水生态修复工程，包括新建人工湿地及环湖近岸生态修复带；五是配套工程，改建 1 座生态监测站。

固城湖退圩还湖堤防工程施工现场

项目自 2019 年 12 月开工建设以来，生态、堤防工程实施均稳步推进，生态工程蟹塘挖除、蟹塘清淤已累计完成 137 万立方米，储泥池开挖已累计完成 144 万立方米，人工湿地已累计完成 34 万立方米，小湖区清淤已累计完成 2.4 万立方米，堤防一期主体填筑完成 78 万立方米，软基清淤完成 20 万立方米，软基换填完成 8.1 万立方米。截至 2020 年 12 月，已完成总投资 10.47 亿元，占总投资计划 30 亿元的 34.9%，占年度投资计划 11 亿元的 95.2%，完成实物工作量 2.72 亿元，占年度计划完成实物工作量 3.25 亿元的 83.7%。

截至 2020 年 12 月底，生态工程基本完成蟹塘挖除、蟹塘清淤，小湖区清淤完成总工程量的 60% 以上，人工湿地完成 50% 的填筑工作，滨湖景观带开展土方填筑，堤防工程基本完成软基处理水泥搅拌桩和清淤换填工作，堤身主体填筑一期工程计划累计完成总工程量的 45% 以上。

总体来看，固城湖退圩还湖工程是集生态、灌溉、防洪、供水、航运等效益为一体的综合性系统性工程。通过此项工程的实施，逐步恢复固城湖水域面积和湖泊容积，提高流域、区域防洪调蓄能力，改善湖泊流动性；通过生态修复带等工程，改善湖泊水质，修复改善水生态环境，提升生态系统功能；通过调整取水口位置，重新布置取水管线、输水管线，避免航道与水源地保护区冲突，提供城市供水安全保障能力；通过合理布置沿湖岸线和景观人工湿地，打造生态宜居环境，提升城市形象。

固城湖退圩还湖蟹塘挖除清理施工现场

固城湖从围湖造田到退圩还湖，是贯彻落实长江经济带"共抓大保护、不搞大开发"指示精神，积极践行习近平生态文明思想的一次生动实践。该工程完成后，对太湖、长江两大流域改善水质、消除水患将起到极大的促进作用。新湖区北岸是高淳规划中的滨湖科技新城，北部退圩还湖和南部正在建设的跨湖大桥，将彻底改变本地城市形态和生态格局，让高淳迎来拥湖发展时代，构建生态宜居示范区。

江苏省：省市共建航运示范区，协力彰显运河风采

京杭运河绿色现代航运示范区是交通强国江苏方案十大样板之一 ——"打造航运特色鲜明的大运河文化带样板"的重要内容。2019 年，苏州、扬州、淮安主城区四个代表性特色航段 42.5 千米先导段全面开工建设，截至 2020 年 9 月底，进展顺利，已芳容初显。

航运是千年运河的核心功能，也是运河文化的逻辑起点。大运河江苏段千年来始终保持畅通，一直是大运河通航条件最好的区段，是"活的运河"的代表。大运河江苏段常年有 13 个省份的 2 万余艘船舶运输航行，货运量占京杭运河全线货运量的 80%，是莱茵河全年运量的 2 倍左右。作为整个京杭运河中通航条件最好、航运功能最强、船舶通过量最大、航运效益发挥最为显著的区段，江苏段有条件、有必要，也有决心在大运河文化带建设中当好示范。

为此，江苏省交通运输厅把大运河江苏段作为支撑国家战略的核心通道、促进南北融合的重要引领、驱动江苏发展的经济命脉和建设生态文明的示范区段，全面发挥大运河航运本体功能，全面加强大运河生态保护和环境提升，以大运河沿线现代综合交通运输体系支撑大运河文化带建设。具体将以打造京杭运河绿色航运示范区为契机，全面建设顺畅运河，进一步发挥好京杭运河江苏段作为国家水运主通道的功能，构建更加顺畅高效的沿运河综合交通运输大通道；全面建设绿色运河，加快建设绿色航道、绿色港口、绿色船舶，积极引导建立运河航运与自然生态和谐共生的发展方式；全面建设文化运河，保护好、传承好大运河传承千年的航运文化遗产，将运河文化融入现代航运高质量发展全过程，以运河精神激发新时代航运人干事创业热情，加快大运河航运创新转型、科学发展步伐，努力将大运河江苏段建设成为国内内河航运标杆和世界内河航运之窗。

采用省市共建模式，由省负责规划、总体设计、总体方案编制及项目前期工作，相关市负责具体实施。为此，江苏省交通运输厅争取到省政府在《江苏省大运河文化保护传承利用规划》中单独设立"提升运河现代航运水平"专章，编制了江苏省大运河现代航运建设发展专项规划；编制《江苏省推进京杭运河绿色现代航运发展实施方案》并获交通运输部批复，开展了京杭运河江苏段绿色现代航运发展总体建设方案设计，在京杭运河江苏段687千米全线确定了四个先导段共42.5千米，与扬州、淮安等市签订战略合作协议，合力示范打造。在推进先导段建设基础上，进一步以项目化方式推进绿色现代航运发展，以江苏段全线687千米为主体，实施京杭运河江苏段绿色现代航运综合整治工程，目前已获省发改委批复，投资估算50亿元。

京杭运河江苏段绿色现代航运示范区建设，其出发点是落实"共抓大保护、不搞大开发"要求，坚持生态优先、绿色发展。创造性、高质量地推进大运河文化带江苏段建设，在加强新时代大运河文化建设的同时，着力推动传统的内河航运向更加绿色高效转型。希望通过综合整治，尽快将京杭运河江苏段打造成"四美运河"，让航运设施尽显绿色生态美、航运装备尽显低碳环保美、航运组织尽显高效顺畅美、航运服务尽显人文智慧美。

京杭运河江苏段绿色现代航运示范区建设遵循系统谋划、统筹推进、分步实施思路。结合沿线城市环境提升，统筹研究江苏段全线总体建设方案，通过江苏段绿色现代航运综合整治工程以项目化形式推进，选择代表性较强的淮安九龙湖公园至淮安船闸段、扬州古运河口至邵伯船闸段、扬州施桥船闸至六圩入江口段、苏州白洋湾作业区至石湖景区段四个航段率先进行实践。有别于传统航道整治，京杭运河江苏段绿色现代航运综合整治工程具有显著的综合性、生态性、人文性、智能性等特点。重点工作包括四个方面。一是以"生态友好、畅通高效"为导向，推进航运基础设施建设。围绕加强航道护岸修复、运河沿岸绿化和通航设施完善等，实施绿色航道建设专项行动；聚焦"治水、治气、治废、护岸、增绿"五个重点，实施绿色港口建设专项行动。二是以"清洁低碳、节能环保"为导向，提升航运装备技术水平。围绕标准船型船舶推广应用、船舶污染源头治理、船舶清洁能源应用等，实施绿色船舶发展专项行动。推进港口设备节能改造、智能化革新，完善岸电设施建设，实施绿色港机设备专项行动。三是以"箱式联运、降本增效"为导向，促进综合运输结构调整。围绕扶持政策制定、航线开辟等，实施内河集装箱发展专项行动、多式联运专项行动。四是以"人文智慧、创新融合"为导向，聚力提升航运服务品质。实施智慧运河专项行动、航运文化建设专项行动。建成后，大运河将成为生态优良、环境美观、船行通畅、人文智慧的黄金水道、旅游长廊。

截至 2020 年 9 月底，京杭运河绿色现代航运示范区四个先导段已初见成效。一是形象方面，苏州白洋湾作业区至石湖景区段护岸工程打造了 8 段高品质多彩景观带，沧浪新城段建成了 2.2 千米"花香航道"。京杭运河扬州施桥船闸至长江口门段植被茂密、绿意盎然，行走其间，眺望运河和长江交汇处，波光粼粼，令人耳目一新。二是绿色方面，京杭运河船闸、服务区船舶污染物接收设施与岸电系统实现全覆盖。8450 艘江苏籍 400 吨以上货运船舶全部配备防污设施设备。淮安黄码大桥下游左岸 1.5 千米长的船舶锚地投用，建有自助岸电系统、智能供水桩、污染物回收装置，能满足千吨级船舶停靠。三是智慧方面，完成江苏省智慧航运发展总体研究及苏南运河苏州段智慧运河发展研究，建成京杭运河苏南段电子航道图并上线试运行。四是文化方面，建成 8 处亲水平台、4 处休闲文化广场和 2 处游船停靠码头。

江苏省：推动运河湾公园建设，复现宿迁运河记忆

江苏省宿迁市运河湾公园北起宿迁闸、南至马陵路，全长 3.5 千米，总面积 42 万平方米，包括公园景观和市政道路，总投资约 2.6 亿元。运河湾公园既是宿迁市 2019 年度中心城市重点基础设施建设项目，也是市政府为民办实事项目，更是推进大运河文化带建设的标志性工程。公园由宿迁市住房和城乡建设局负责实施，于 2019 年 9 月开工建设，2020 年 10 月 1 日建成并对外开放。为了贯彻落

实习近平总书记关于保护好、传承好、利用好大运河这一流动文化的重要指示精神，宿迁市以文化为魂，以生态为底，推动运河湾公园建设，以大运河文化带建设和国家文化公园建设，带动宿迁新城新未来的发展格局和城市品质。

运河湾公园以打造运河沿线风光带、开发运河生态功能、展现宿迁运河文化为目标，充分利用运河现状，因地制宜地挖掘和利用原有的生态、历史、文化等资源，用较少的投资提升沿线的生态系统和环境质量，达到经济效益、生态效益和社会效益的统一。运河湾公园在文化景观上，深入挖掘大运河数千年的建设和发展历史，充分体现运河与城市变迁的关系，深入展现运河沿岸的人文特色和历史风貌；在绿化配置上，坚持适地适树的原则，充分利用乡土树种，合理搭配各类开花、色叶和常绿树种，突出彩色树种选择，打造了色彩缤纷的城市公园景观；在空间布局上，构建了观樱台、减水坝湿地、靳辅广场、小杨庄码头、苏玻广场等自然生态景观和历史文化广场，通过沿河绿道进行串联，借由水岸空间的创造，重新建立城市与运河的沟通关系。项目以运河湾为标志，以景观绿化为重点，以历史文化为内涵，打造出时尚优美、生态自然、特色鲜明的现代化滨河绿地和生态景观。

运河湾公园景观绿化建设依据"三季有花、四季常绿""适地适树"的原则，充分利用适生乡土树种和常绿树种，合理布置樱、梨、梅、桃、海棠等春花树种和银杏、美国红枫、三角枫、五角枫、乌桕等秋色叶树种，将整个片区划分为浪漫樱花、梨兰竞艳、生如夏花、枫语丁香、红叶醉秋、寒松竹梅、桃艳芬芳、海棠雅艳八大主题植物景观功能区，并以春花烂漫、丹霞映秋两条景观道路进行串联，形成各有特色且有机统一的绿化景观。

公园人文景观建设依托景观设计分区风貌，将整体划分为三闸水岸、城市阳台、河岸工坊三大人文分区，通过景观构筑物、主景雕塑、人文小品三种形式，分别展现宿迁水利枢纽及历史上重要的水利工法、大运河宿迁段的开凿治理及航运的历史记忆、宿迁运河沿线的工业记忆。三闸水岸段以治理运河的水利工程为主题，通过宿迁水利枢纽的建设记录、潘季驯及靳辅治河常用的减水坝等相关水利工程设施，展现中华民族治理运河的智慧；城市阳台段以宿迁运河的开挖兴建历史为主题，通过通济开凿、借黄行运、黄运分立、中运贯通四个历史时期中的名人及史实，展现宿迁中运河四世同堂的人文特质；河岸工坊段以宿迁运河畔的工业生产为主题，通过江苏玻璃厂、热电厂相关设施遗存，以及历史上曾存在的机械厂、罐头厂、农药厂等作为人文切入点，展现属于宿迁的工业记忆。

运河湾公园的建设改变了该区域原有的布局杂乱、交通不畅、景观粗放的整体形象，极大提升了周边环境，完善了区域配套。公园的建成加强运河沿线交通链接，提升滨水交通的公共性和可达性，加强了运河与城市的联系。公园依托运河的自然资源和生态资源，沿河规划设计了占地面积 34 万平方米的滨河绿化景观带，不仅保护了运河原有的自然生态，而且进一步丰富了运河沿线的自然资源，进一步改善了运河的生态环境。

公园建设坚持市民需求导向。运河湾重新规划建设了双向四车道、宽 24 米的运河湾市政道路，精心安排公园内慢行步道、自行车道、景观道路与市政道路的有机衔接，同步配套了公共自行车、公交车，让周边市民可以采用多种方式，方便快捷、安全通畅地进入公园游览。公园始终坚持"便民利民惠民"的理念，兼顾市民健身游览休憩等功能，公园内设置了体育运动中心、健身活动乐园及儿童游乐区，并选点设置了直饮水机、廊架、景观亭、石笼挡墙坐凳及景观小品，为市民驻足健身、游览、观赏提供方便。运河湾公园的建设，极大提升了周边环境，完善了区域配套，进一步加快"城市公园绿地 10 分钟服务圈"规划建设，成为实现市民出门"300 米见绿、500 米见园"目标的有力补充。

公园建设突出生态海绵理念。运河湾公园是一个以海绵理念打造的湿地景观公园。公园根据海绵汇水分区、设计调蓄容积等要求，并结合现场实际情况，在公园北段沿线设置植草沟和人工湿地；在公园南段结合现有地形，设置旱溪、湿塘、调解塘、自然式蓄水池等海绵设施。通过各类海绵设施收集、输送、蓄存雨水，并利用水生、湿生植物及砂石土壤对雨水进行截留和净化，通过雨水下渗缓释补充公园绿地土壤水分和补充地下水。公园建设中大量使用透水砖、透水混凝土、透水露骨料等透水铺装。通过透水性基层和面层增加地表雨水下渗速度，削弱硬质场地和道路上的雨水径流峰值，同时通过雨水下渗对地下水进行补充。公园通过雨水系统整体的优化设计，削减了面源污染，实现了雨水的资源化利用，降低公园建设对运河沿线水文和水环境的影响，年径流总量控制率达 75% 以上。

公园建设注重运河历史挖掘。公园依托大运河得天独厚的地理条件，按照"以河为线，历史文化遗址为点，以点串线，以线带点，双线并行"的思路，将公园建设与大运河文化带建设有机结合，统筹规划、系统推进。充分利用大运河宿迁段两岸丰富的文化遗产，深入研究、挖掘整理中运河段的建设和发展历史，重点打造了靳辅广场、四世同堂广场、苏玻广场等一系列重要景观节点，设置了运河记忆馆，复现大运河文化带上的宿迁运河记忆。

浙江省：绍兴集中整治鉴湖，打造标志性生态空间

鉴湖在浙江省绍兴城西南，是我国长江以南著名的水利工程，古鉴湖淹废后的残留部分，俗话说"鉴湖八百里"，可想当年鉴湖之宽阔。2009 年，绍兴市政府启动了鉴湖水环境综合整治工程。该工程是绍兴市委、市政府决策实施的重点工程和民生工程，项目以鉴湖为主线，东起偏门大桥，西至壶觞大桥，全长 5.35 千米，规划面积 125.92 万平方米，总投资 9.7 亿元。通过整治将鉴湖建设成为绍兴地方历史、风光、民俗风情等集中展示的标志性地区，水上旅游重要的游线之一，周边居民休闲健身的公共水岸空间。

鉴湖局部景观

鉴湖水环境综合整治工程分三期实施，工程、选址统一审批，根据工程推进分块审批初步设计和施工许可。

一期工程东起漓渚铁路桥，西至壶觞大桥，整治面积超过 85.81 万平方米，总投资 2.3 亿元，以"挖掘鉴湖诗歌文化"为主线，沿河建设了钟堰问禅、快阁揽胜、鉴湖诗廊、画桥秋水、渔耕晚唱等公园景点。一期工程已经于 2011 年 9 月完工，并获得"浙江省河道生态建设优秀示范工程"和"浙江省水土保持示范工程"等荣誉称号。

鉴湖一期画桥秋水

二期工程东起偏门桥，西至漓渚铁路桥，全长 2.15 千米，整治面积 25 万平方米，总投资 3.5 亿元。工程于 2011 年 12 月开工，2013 年 11 月完工。由中国美术学院王澍领衔设计，以打造"江南文化复兴示范区"为主题，对马太守庙和马太守墓进行保护性修缮，沿线建成飞虹近月、山阴古街、南山画界、湖山太守等十景，营造古山阴道和鉴湖水系的如诗画境。新增建筑 34524 平方米，修缮民居 149 户，共 8260 平方米，整治河坎 4237 米，新增绿化 4 万平方米。

鉴湖二期景观

三期工程位于胜利西路北侧，绍齐公路东侧。规划实施面积 12.8 万平方米，总投资 3.8 亿元。工程于 2015 年 12 月正式动工。工程包括陆游故居、西村、东村、养生体验区和旅游集散中心，旨在建造一个南宋乡村生活及士大夫隐居的古典诗意场所，是一个集文化休闲、餐饮娱乐、商业、养生为一体的旅游集散地。前期启动核心区建设，工程核心地块为陆游故里，概算总投资 2.48 亿元，规划总用地面积约 3.33 万平方米，建筑总面积约 1.15 万平方米。河岸线布置 1186 米，新增绿化 2.19 万平方米。主要建筑有陆游故居的南堂、昨非轩、山房，以及西村的入口服务用房、临水阁、云梦屋、望湖楼、羲黄轩等。

鉴湖一带是典型的江南水乡风光。湖上桥堤相连，渔舟时现，青山隐隐，绿水迢迢。总体来看，鉴湖三期整治工程取得良好效果，是环境转型、产业转型、城市转型的良好典范。其中必须完善管理体系、落实责任、加强技术管理，真正做到因地制宜，发展高端产业，并用政策条件形成产业集聚的优势。"水网纵横人自在，古韵新风最江南。"通过三期整治工程，重现了王羲之笔下"山阴道上行，如在镜中游"的画面。

安徽省：加快柳孜运河综合治理，优化生态景观格局

　　柳孜运河遗址环境综合治理项目坐落在安徽省濉溪县百善镇柳孜村。柳孜行政村古称柳孜镇，其历史悠久尚可追溯到汉代。自隋代开凿通济渠经过此镇后，逐渐发展成为商业集镇。由于水陆交通便利，唐代设置柳孜镇隶属临涣县，柳孜运河桥梁在此修建后，进一步促进了古镇发展，使之成为一定历史时期通济渠沿岸的政治、军事、经济、文化、交通、商旅重镇。

　　柳孜运河遗址与通济渠泗县段均是大运河中隋唐运河的两个重要遗产点，属于隋唐运河通济渠。柳孜运河遗址1999年被评为全国十大考古新发现；2001年公布为第五批全国重点文物保护单位；2006年年底被列入世界文化遗产预备名单；2013年入选国家"十二五"期间大遗址保护项目库；2014年入选"2013年度全国十大考古新发现"候选名单。

　　柳孜运河遗址环境综合治理项目总投资3334万元，其中中央预算内投资2000万元，项目建设内容为：生态修复6400平方米，景区与外围连接路3600平方米，建设机房、设备间等配套设施用房建筑面积600平方米，建设200套标识标牌系统、2套讲解导览系统、参观步道1500米、供排水系统、供电系统、40套安防监控系统，以及相关配套设施用房等。

　　此次对柳孜运河遗址区域内环境的整治，凭借其独特的历史、艺术和审美价值，能够创造很大的市场空间。在供游人游乐休闲的同时，能够弘扬隋唐历史文化、传承历史文脉，并促进经济的发展。项目建设将对柳孜运河遗址实施严格的治理管护、进行全面的生态保护和修复，区内全面建设绿色廊道和生态公园，可有效促进涵养和保护运河遗址的景观。通过此次项目的实施，可使民众牢固树立大运河保护意识，持续推进大运河（安徽段）重点区域的生态环境修复，为运河

遗址保护、传承和利用提供有力的生态保障。

从社会经济发展的长远利益出发，充分考虑、并更好地满足柳孜运河遗址区区域环境治理需求，在现有环境基础上再造优先原则，把握市场发展热点，在整体项目规划中以生态保护优先为主，突出环境体验的功能，在整个淮海经济区树立起独特的项目品牌形象，鼓励发展生态友好型产业。结合柳孜运河遗址外围旅游产业的打造，在发展旅游产业的同时、保留原有历史古迹，展现历史风貌及地方特色，传承历史文脉，弘扬隋唐历史文化。开展区内环境综合整治，严格清除现有污染源，实施驳岸整治、垃圾清运、建设水源涵养林等，着力营造优良生态与悠久文化交相辉映的运河景观带。

柳孜运河遗址环境综合治理项目的实施，可彻底清除当前遗址范围内的环境污染，通过生态修复、各项设施的完善，形成资源相连、水岸交融的文化中心核，打造具有濉溪地方特色的重量级旅游品牌。通过精品空间的治理、保护和进一步打造，将达到保护和展示大运河世界文化遗产、构筑历史文化长廊、优化生态景观格局、提升沿线地区人居环境质量和城市空间品位的目的。

柳孜运河遗址环境综合治理项目有以下两方面经验。

首先，主要采取的环境治理措施包括生态修复、设施完善等，涉及垃圾清运、景观培育、建设水源涵养林等，通过这些工程措施在柳孜遗址范围内营造相对有机协调的自然环境和人文环境，有效消除现状的固废污染，大面积提高了植物群落的生物量。

其次，柳孜运河遗址区内将建设多处景观节点区，根据现场调查，区域内部分排灌系统较混乱、沟壑错杂，在现有基础上理顺排灌系统，并将沟渠进行生态化处理，在沟渠排水过程中吸附、分解、吸收各类污染物；同时为土壤排水进入河道前的集中强化处理创造有利条件，有效减少入河的污染物量。

山东省：泰安坚守生态底线，保护山水林田湖草生态

泰安市牢固树立"绿水青山就是金山银山"的发展理念，坚持在保护生态的条件下推进大运河发展，围绕大运河（泰安段）流域生态修复，实施了一系列山水林田湖草生态保护工程，极大地改善了生态发展环境，"运河水柜"东平湖水质稳定达到国家三类水质标准，被批准为山东省省级生态功能区。

在制度设计方面，泰安市以大运河泰安段流经区域（东平县）为主，成立了大运河生态保护修复工程领导小组，印发了《泰安市各级党委政府及有关部门环境保护工作职责》，建立起大运河生态保护修复的综合管理机制，理顺区域、部门、产业间的关系。围绕水污染防治，编制了《泰安市落实"水十条"工作方案》，出台了《关于建立网格化环境监管体系强化环境保护监管责任的通知》，建立了监管责任体系；划定了大运河沿线生态保护红线，划定红线面积为 1011.05 平方千米，占全市总面积的 13.03%，其中大运河沿线全部划入生态保护红线区域，面积约 132 平方千米。

大运河（泰安段）水生态环境

在规划设计方面，围绕泰山区域山水林田湖草生态保护修复编制了工程项目实施规划，将生态建设总体规划积极融入《泰安市城乡一体空间发展战略规划》总体布局，在城乡一体空间发展战略规划指导下，着眼长远、搞好契合、确保紧密衔接。围绕大运河泰安段流经区域（东平县）生态保护，编制了《东平县关于加快推进生态文明建设的实施方案》《东平湖及周边综合整治专项治理行动实施方案》等生态发展规划方案；围绕水污染防治编制了《泰安市落实"水十条"水体达标方案》，制定了分步实施措施。

针对目前大运河（泰安段）存在的诸多复杂性环境问题，实施山水林田湖草生态保护和修复工程，严守生态保护红线，推进运河生态廊道建设，保护生物多样性。开展城乡环境综合整治，着力营造优良生态与文化交相辉映的运河景观带。加强水资源保护、水环境整治等课题研究，确保大运河环境质量持续改善，增强生态产品供给和保障能力。进一步完善生态补偿机制，发挥市场引导调节作用，积极引导社会资本参与大运河生态修复建设。

实施大运河（泰安段）生态修复四大工程——山水林田湖草生态保护修复工程、生态管控工程、绿化提升工程和湿地修复工程。规划实施的泰山区域山水林田湖草生态保护修复工程，列入全国第二批工程试点，工程规划了 62 个项目，总计投入 192 亿元，统筹"两山一水一湖"（泰山、徂徕山、大汶河、东平湖）的大生态带综合治理，强化地质环境治理，加大退化湿地生态保护修复力度，构建环东平湖生态屏障。截至目前，完成项目投资 115.05 亿元，土地整治面积 26841.6 万平方米；新增湿地面积 515.9 万平方米，城市重要集中式饮用水源地水质达标率 100%，大汶河流域水生态环境持续改善，东平湖Ⅲ类水质达标稳定性显著提高。生态管控工程将大运河沿线区域划分为三级保护区，加强植被绿化，提升生态系统质量。绿化提升工程启动三年荒山造林攻坚行动，准备利用三年时间基本实现运河沿岸宜林荒山全部绿化目标。湿地修复工程投资 1.4 亿元，实施了稻屯洼、大汶河等六大人工湿地水质净化工程，植被 3000 亩、人工投放鸟巢 300 只，极大地保护了东平湖湿地物种资源，东平湖被评为省级生态功能区，滨湖湿地被评为国家湿地公园。

从建设成绩上看，该案例的成效在于优化大运河沿线生态空间，绿化运河两岸、扩展生态空间，提升大运河水质，努力将泰山大生态带打造成"山青、水绿、林郁、田沃、湖美"的生命共同体。

大运河（泰安段）生态管控工程

近年来随着工业化、城镇化的快速推进，大运河沿线地区污染物排放量增加、污染问题突出、部分河段水质不能稳定达标等一些突出性复杂性环境问题日益凸显，已严重危及大运河作为世界文化遗产的宝贵形象。必须针对大运河生态建设中的突出问题，下大决心、花大力气加强生态保护和环境治理。

强力推进东平湖综合治理。近年来，泰安市先后关闭 8 条草浆造纸生产线和98 家规模较小的废纸制浆企业，取缔了 147 条淀粉生产线和 607 家污染加工户；加严排放标准，倒逼辖区内企业进行设施升级改造工程；清理抽砂船只 1500 余艘、砂场码头 120 个，关停"散乱污"企业 6809 家，关闭搬迁养殖场和养殖专业户 6467 家，关停环湖山石开采企业 81 家；开展"退渔还湖"行动，共清理网箱网围养殖水面 12.6 万亩，成功打造了南水北调东线第一个无人工渔业养殖的湖区。

强力推进城乡污水治理。深入推进《泰安市入河排污口综合整治方案》，着力实施污染源治理达标再提高工程，全面加强城乡配套管网建设，重点强化城中村、城乡接合部污水截流、收集管网建设，结合海绵城市建设、城区道路改造等统筹推进排水系统雨污分流改造，解决生活污水直排、混排入河（湖）问题。通过综合整治，确保了大汶河、大清河、东平湖等重点水功能区水质满足Ⅲ类水控制标准，水功能区达标率从原来 33.3% 提高到了 83.3%。

　　强力推进农村环境整治。加快实施东平湖省级生态功能区生态保护修复工程，建设生态廊道、堤坝防护林，阻挡、杜绝污染进入水体。全面推广低毒、低残留农药和精准施肥技术、机具，强化规模化畜禽养殖场治理，配套建设粪便雨污分流、污水贮存、处理、资源化利用设施。

大运河（泰安段）生态保护修复相互融合

　　通过一系列的努力，泰安市总结了自己的一套经验办法。

　　一是加强大运河生态保护修复，必须在尊重自古以来形成的沿运城镇空间形态、生产方式、生活风俗等前提下进行大运河的生态环境保护工作。

　　二是建立健全大运河生态保护修复的综合管理机制。理顺区域、部门、产业间的关系，加强资源统筹、部门统筹和区域统筹，加快形成建立成本共担利益共享协同发展机制，充分调动政府部门和社会各界的积极性，全力推进大运河生态环境保护修复工作。

　　三是树立"大生态"和"大规划"理念，推动大运河生态保护和泰山区域山水林田湖草生态保护修复相互融合。推动大运河生态环境保护规划和泰安市国民经济与社会发展规划及泰安市各类专项规划相互融合，不断规范和强化规划的严肃性和权威性，构建生态廊道和生物多样性保护网络的整体生态格局。

山东省：戴村坝依靠生态廊道，增添区域经济新活力

戴村坝及其相连的小汶河都是世界文化遗产，戴村坝位于东平县彭集镇南城子村北大汶河上，是京杭大运河杰出的重要水利枢纽工程。初建于明永乐九年（1411年）二月，当时朝廷命工部尚书宋礼及刑部侍郎金纯、都督周长等疏会通河。宋礼在汶河下游建戴村坝，遏汶水使之南流，道称小汶河。至南旺中小汶河水又分之为二道，四分南流达于济宁，六分北流以接徐沛。戴村坝建成后，解决了大运河济宁迤北至临清段时常干涸之局面，保障了航运畅通。

"运河之心"戴村坝

戴村坝包括主石坝、太皇堤（窦公堤）、三合土坝三部分，全长约1900米，其中主石坝坝体南北长414米，又分三段玲珑、乱石、滚水三坝，三坝一体，高度不同，分级漫水。戴村坝既有保持持续向运河供水的作用，又能在夏秋正常向外泄洪，建筑难度相当大，在明代科学技术不发达的情况下，建如此精妙水利工

程保存到现在，是十分惊人的。民间素有"南有都江堰、北有戴村坝"之说，它以设计之巧妙、造型之美观、保存之完好、年代之久远，被中国申遗小组定其名为"中国第一坝"。又因为它由此源源不断地向大运河补给供水，保障了京杭大运河 600 余年的漕运畅通，被称为"运河之心"。清代通晓水文的康熙皇帝来到此地，不禁感叹，"此等胆识，后人时所不及，亦不能得水平如此之准也"。19 世纪初，美国水利专家方维考察后十分敬佩地说："此种工作，当十四五世纪工程学胚胎时代，必视为绝大事业……今我后人见之，焉得不敬而且崇也！"

在生态修复方面，为保护和利用好这一世界文化遗产，在戴村坝文化公园内实施汇河入大汶河口生态保护修复项目。根据《山东省大运河文化保护传承利用实施规划》提出的"大运河生态文化建设引领区、大运河文化旅游融合示范区"功能定位目标，打造河湖岸线功能有序、生态空间山清水秀、生活环境绿色宜居、山水林田湖草生命共同体相得益彰的绿色生态廊道，促进运河文化旅游融合发展，打响"鲁风运河"品牌。

通过世界文化遗产戴村坝，讲好运河故事，建成遗址公园向世人展示，遗址公园包括戴村坝景观带、主石坝、太皇堤（窦功堤）、三合土坝、小汶河景观带、鸡心滩等。

在空间设计方面，戴村坝文化公园在空间设计上按照"山水之间，灵动尽显，一区一带，美景相连"的设计理念，背山面水，山水之间的旅游景点自然地汲取山的灵气与水的动感，尽显其灵动之气。植物景观设计与文化公园主题相吻合，全面打造自然、文化遗产、生态景观氛围。依据不同功能分区特点，采取多样化种植手法，营造别具特色的绿化景观，给人以多样化的景观体验，同时将园林艺术的平面及空间表现方式与植物造景的原理相结合，打造具有强烈艺术氛围的景观效果，全面、完整地展示文化遗产，确保整体性和可解读性。

在内容呈现方面，戴村坝文化公园依托戴村坝、小汶河，整合该区域内的戴村坝、龙珠岛（鸡心滩）、小汶河景观带、鳌头矶景观带、汇河景观带、旅游码头等景点，形成戴村坝文化公园。2011 年建成的戴村坝博物馆，集中展示这一水利工程。占地面积 1200 平方米，由序厅、运河之心、戴坝修筑、科学治水、治水名人、运兴东平及 3D 影院组成。在这座仿古建筑内，保存有戴村坝坝体建筑图片、碑刻拓片，戴村坝附近征集的石杵、夯石，坝体上的铁扣及镇水兽等许多珍贵的资料，并对古代修坝场景进行复原。戴村坝文化公园集中展示了我国京杭大运河上这一出水利工程的杰作，让世人领略到古代劳动人民的智慧。

戴村坝文化公园近景

在生态效益方面，戴村坝文化公园充分发挥河流、湿地、片林的生态功能、文化功能，为区域经济发展增添新的活力。其生态环境效益主要包括局部空气的净化、环境的美化、涵养水源、保护生物多样性。其中调节局部小气候，主要是利用水体较大的热容量值，有效缓解城市热岛效应，配合灌木、乔木可以提高空气湿度；河岸及水生植物、河底土壤的生物代谢过程和物理化学过程，将雨污或河流水体中的部分有机和无机溶解物、悬浮物截留下来，将许多有毒有害的复合物分解转化为无毒或有用的物质，澄清水体，提高水质，达到净化环境、美化环境的多重效果。

戴村坝文化公园的建设有以下经验。

一是能够坚持生态保护第一。建立戴村坝文化公园的目的是保护文化遗产系统的原真性、完整性，把最应该保护的地方保护起来。坚持世代传承，给子孙后代留下珍贵的文化遗产。坚持全民共享，着眼于提升文化遗产系统服务功能，开展文化遗产保护教育，为公众提供了解运河文化遗产及作为国民福利的游憩机会。鼓励公众参与，调动全民积极性，激发文化遗产保护意识，增强民族自豪感。

二是强化资金保障与社会利益并行。建立"政府主导、社会投资补充"的文化旅游发展集团对公园进行运营和保护。同时，考虑到历史文化遗产及遗产地与周边居民长期以来所形成的密不可分的关系，在核心保护区、管控范围区外，让周边居民可以从事旅游住宿、餐饮、零售、旅行服务、演艺娱乐等相关内容，充实"食、住、行、游、购、娱"六要素，能够留住游客，满足游客游乐需求，增强文化公园的文化影响力和吸引力。

三是彰显文化特色，完善配套设施。戴村坝文化公园建设要在保持主色调、主标识、基础设施建设标准等相对统一的前提下，根据各个节点的文化底色和特色，彰显个性色彩分明的展示内容、特色服务及产品设计，实现共性和个性的统一。完善文化公园的标识系统、生态停车场、生态厕所等，统一配套设施的建设标准。

河南省：辉县打造城市水空间，树立文化生态典范

辉县市楼根游园及水竹苑游园建于 2019 年，于 2020 年年初完工并对外开放。两个沿河游园属于新乡市大运河百泉河段生态修复重点项目，也是辉县市治理黑臭水体、提升城市品质的重点工程，创造了生动、优美、富于特色的城市水空间形象。

在城市形成和发展中，河流作为最关键的资源和环境载体，关系到城市生存，制约着城市发展，是影响城市风格和美化城市环境的重要因素。近年来，沿河两岸工厂企业和居住人口大量出现，大量的工业废水和生活污水排入河中，原本清澈见底的河水逐渐变成浑浊、污染严重的臭水河，令人不堪忍受。城市滨水绿化游园是一个城市能见水、近水、亲水的特色景观环境，现已成为辉县市居民休闲游憩的主要场所。

楼根游园占地面积 6.1 万平方米，位于辉县市百泉河苏门大道与铁路支路之间。投资概算 3000 万元，硬化面积约 2.4 万平方米，绿化面积约 3.6 万平方米，4 米沥青园路约 460 米、2 米沥青园路约 1100 米，园内共种植银杏、玉兰、白皮松、千头椿等乔灌木品种 44 种，种植总量约 3300 棵（株）。

　　水竹苑游园位于辉县市百泉河规划锦绣街与水竹大道之间，是百泉河治理的中段绿化工程点。占地面积 3.4 万平方米，投资概算 1400 万元。新增硬化面积6000 平方米，新增绿化面积 2.8 万平方米，园内共设计、玉兰、白皮松、金叶复叶槭等乔灌木品种 30 多个品种，种植总量约 2200 棵（株）。

　　在主题设计方面，楼根游园设计主题为"共国故地"，作为百泉河景观设计的起点，该段游园主要讲述远古时期辉县市起源，包括孟庄遗址、共工治水、子龙鼎等重要史迹，通过地雕浮雕墙等形式表达出来。同时作为一处供居民休闲游憩的场所，园区设计了南北两个主要入口广场和众多活动场地以满足居民的多样需求。水竹苑设计主题为"水竹幽居"，作为本次百泉河景观设计的中段游园，该段游园主要讲述民国时代辉县市历史，包括徐世昌水竹村隐居等事迹。园内现存有古闸属于有历史价值的文物，为此特意设计有仿古拱桥与之相连。

　　在空间设计方面，楼根游园内共设计了两个廊架和一个景观亭，丰富竖向空间的同时能够让游人停留休息。园内通过对地形的营造为植物打造了丰富的种植层次，游人穿行其中时而面对舒朗的银杏草坪，感受秋季银杏叶洒落草坪的惬意，时而走入花谷被粉黛植物环绕，峰回路转又能看到百泉河河道景观，从而达到步移景异又乐在其中的景观效果。

　　水竹苑段游园内最主要构筑物为水竹幽居大廊架。透过草坪、广场，水竹幽居廊架南北方向与南入口遥相呼应，东西方向又与河东岸亲水广场形成联系。游人于园中休憩，可以观赏植物之快然生机，也可感受卧鸿河道的桥闸之美，也可步入回廊感受光影变化之乐趣。

　　在内容呈现方面，辉县文化源远流长博大精深，设计将选择辉县市有代表性的历史事件和文化特色，融入百泉河两岸的景观中，结合高科技手段，寓教于乐，为城市提供对外展示自身优秀文化的舞台，对内提高市民文化自信，增强凝聚力，从精神文明层面助推辉县市发展。空间主要瞄准辉县市的历史文化，场地内除了故河道外，还有丰富的历史遗迹，沿着这条明确的文化主线，将历史信息中有形或无形的景观元素加以提炼，综合运用"再现与抽象""隐喻与象征""对比与融合"等手法，塑造出独具场地气质的文化空间和景观小品，激发了游人与场地间的历史记忆和情感纽带。利用场地内特有的自然和人文资源，塑造出特色的典型空间和新的景观形象，同时赋予了场地新的内涵和新的功能，打造充满活力、引人注目的大众休闲游览场所。

在建设上，项目采用建设—运营—转让，即 BOT 运作模式，由政府方和中标社会资本方共同出资组建项目公司辉县市豫实基础投资有限公司，其中辉县市豫辉投资有限公司作为政府方出资代表占股 5%，社会资本方占股 95%。辉县市人民政府依法授权项目公司辉县市黑臭水体整治与河道综合整治建设 BOT 项目负责项目的设计、融资、建设、运营、维护和移交等工作，合作期届满后，项目公司将项目全部资产及相关权利等无偿移交给辉县市人民政府或政府指定的其他机构。项目合作期为 17 年，其中建设期 2 年，运营期 15 年。在运营上，采用市场化运营，把有条件的非物质文化遗产变为文化产品和文化服务，实现文化和环境的自觉传承、自我保护、自动更新、自立更新的能力。

百香湖与苏门山全景

项目主要改善了百泉河沿线的生态环境，合理配置滨河用地功能，强化沿河道路和绿地建设，为市民提供便利、宜人的休闲游憩环境，构筑市区内纵横的亲水景观带。极大地改善城市滨水区的生态环境，最终将与城市景观绿地系统连为一体，构成整座城市绿地景观系统主框架，成为生态、文化功能相互交融的城市景观主轴，形成辉县市新的亮点。

辉县市楼根游园及水竹苑游园的建设主要是在社会资本参与建设方面总结了相关经验，该项目主要采用 BOT 模式引进社会资本参与建设，政府无须在项目建设初期支出巨额资金；通过拉长支付期限，可以平滑财政支出，缓解政府在短期内对基础设施的投资压力，加快辉县市市政基础设施的建设步伐。提高市政基础设施建设、运营维护效率和服务能力在市场竞争机制下引入社会资本，可以实现资源的优化配置，充分发挥社会资本的专业分工优势，利用其成熟技术和管理经验，提高市政基础设施资源的使用效率和社会效益，充分解放思想，鼓励社会有经验的设计者、运营者把历史文化、景观和水利治理有机地结合在一起。

河南省：生态治理大沙河，打造水域亮城

大沙河是海河流域的源头，发源于山西省陵川县夺火镇，全长 115 千米，焦作范围内 74 千米，流域面积 2688 平方千米，是流经焦作城区最大的一条行洪河道，历史上，大沙河是大运河（小丹河）的支流，为小丹河的主要水源之一，是大运河的重要组成部分。

过去大沙河只有右堤，左岸漫滩行洪，历史中汛期行洪漫滩可达 800 米，堤防残缺。随着农田开垦挤占河道、沿线工业、养殖业废水排污等，河道逐渐退化成为 20 ~ 30 米宽的黑臭水沟，污水横流、滩地荒芜，水生态环境遭受严重破坏。党的十八大以来，焦作市以习近平生态文明思想指导，深入践行"绿水青山就是金山银山"的发展理念，认真贯彻落实总书记在黄河流域生态保护和高质量发展座谈会上的讲话精神，以"四水同治"为抓手，以"十项重大工程"为示范

引领，加快推进大沙河生态治理。2017年委托同济大学对城区段35千米进行规划，以河道生态修复为切入点，通过防洪治理、岸线整治、生态绿化、完善配套等措施，努力将大沙河建成城市转型发展的新引擎、展示焦作形象的会客厅、公共活动的大舞台，全力把大沙河建成焦作市大运河文化保护传承利用的样板工程。

大沙河生态治理项目全长35千米，估算总投资110亿元。主要建设内容包括防洪治理、生态引水、岸线整治、植树绿化等。其中上游12千米规划为郊野公园，中游13千米规划为城市水生态公园，下游10千米规划为湿地公园。打造一条生态与文化、景观与水利、旅游与观光、健身与休闲相结合的生态景观带、城市旅游带、经济增长带。

按照统一规划、分步实施的原则，目前大沙河生态治理项目已经完成了防洪治理工程，开展了城区核心段建设和上游12千米（出山口至南水北调倒虹吸段）生态提升，完成投资32亿元。其中城区核心段主体工程已完工，城区段已形成长12千米、宽1千米的生态景观带。七星园、体育公园、文体广场、沙河记忆、人工沙滩、游船码头、中原路草坪广场等重要节点，都已经对外开放，10万平方米花海、玻璃栈道更是成为市民竞相打卡的网红景点。上游12千米提升工程利用国家山水林田湖草项目资金，正在有序推进，年底前完工。大沙河生态治理工程全部建成后，可新增绿地2.9万亩，生态水面2.1万亩，形成水体3000万立方米。

在运营合作方面，大沙河生态治理工程采用PPP模式投资建设。主要通过使用者付费和政府缺口补助方式运作。使用者付费中，主要包括向下游工业供水、水面旅游、运动开发、景观带内广告宣传、商业街运营、游乐设施、承办大型活动等方式运作，每年使用者付费预算收入770万元。

目前，大沙河生态治理工程取得了一定成绩，不断发挥积极作用。

一是生态效益显著。优化水资源配置，大沙河年引水量达1000万立方米，有力改善了周边生态环境，大沙河水质由过去的劣五类水体转变为目前的三类水。生物多样性逐步体现，改善了区域生态环境和小气候，河道内观测到天鹅、白鹭、赤麻鸭等各类鸟类73种，绘就了"太行山前白鸟飞，水碧花红鱼儿肥"的生态美景。

白天鹅飞临大沙河

二是防洪能力明显提升。通过治理工程，过去的"不足10年一遇防洪能力"现在提升到"50年一遇防洪标准"（流量2750立方米/秒），有效保障城区人民的生命财产安全。

三是灌溉条件得到改善。大沙河生态治理工程实施后，水量充沛，水质良好，沿线近15万亩农田灌溉条件得到有效改善，下游修武县已开始恢复水稻种植。

四是社会效益受到关注。随着大沙河城区段七星园、体育公园、文体广场、银杏长廊等节点公园已对外开放，成了市民休闲健身的"打卡地"，节假日游人如织，已经成了"精致城市、品质焦作"的一张亮丽名片。

共享沙河，全民健身

五是城市品位和城市价值得到提升。随着大沙河生态治理推进，建设北方亮丽水城的蓝图终于变成现实，城市面貌发生巨大变化，城市品位显著提升，带动了两岸开发建设。

从大沙河景区项目建设经验看，首先，统筹建设与开发，高标准严要求。项目建设遵循生态、生活、生产"三生"时序，严格区域规划控制，以建设 5A 级景区、国家级湿地公园、国内高标准盆景园为目标，打造焦作城市新名片、全域旅游新地标。其次，多部门协同建设，合力推动景区功能完善。文化广电和旅游局规划了群众文化活动广场，制订大沙河创建 5A 级旅游景区方案，水利局规划了 6 条大沙河游览线路，市体育局规划了游艇、马拉松等体育场地。最后，以生态治理为核心，全面推动景区综合治理。大沙河生态治理工程列入全市十大基础设施建设项目。通过防洪治理、生态引水、岸线整治、植树绿化等工程，拓宽了水面、优化了水质、改善了周边环境，使得景区建筑及周边环境实现了和谐统一，为"太极圣地·山水焦作"全域旅游发展贡献力量。

河南省：汤阴建设国家湿地公园，牢筑生态屏障

汤阴汤河国家湿地公园是原国家林业局 ❶2012 年 12 月批复的国家湿地公园试点建设单位。规划范围西起汤河水库东岸南侧，延汤河两侧一定区域向下游至中华路汤河桥，全长 15 千米，总面积 710.2 万平方米，其中湿地面积 568.7 万平方米，湿地率达 80.1%。经过多年的建设和努力，2018 年顺利通过国家验收并授予"国家湿地公园"称号，成为安阳市首家国家级湿地公园。汤河湿地公园所在的汤阴县是联合国地名专家组命名的"中华千年古县"，同时也是"文圣"周文

---

❶　2018 年 3 月 13 日，十三届全国人大一次会议审议国务院机构改革方案，组建国家林业和草原局，不再保留国家林业局。

王拘演周易、"武圣"岳飞尽忠报国、"医圣"扁鹊悬壶济世的"三圣"之乡，以历史灿烂悠久、文化底蕴深厚而蜚声中外。为充分发掘汤河丰富的历史文化内涵，当地政府在湿地公园建设过程中，注重结合汤河湿地自然风光，融入地方文化元素，精心打造凤飞湖、易源广场、小河竹林等人文旅游景观，彰显汤河湿地公园独具特色的周易文化、忠孝文化、水文化、竹文化等人文资源。

近年来，汤阴县以打造"大美湿地、蓝梦汤河，构筑豫北地区生态屏障"为目标，科学制定规划，加大投入力度，重点实施总投资 6.5 亿元的汤河河道治理与生态修复工程项目。目前项目一期工程水库东岸已竣工进入财政评审阶段，投资 1.5 亿元完成快速通道、自行车赛道和园区道路 38 千米，建成 1800 米观鸟栈道、1200 平方米管理房、2200 平方米科普馆、5 处宣教长廊、2 个巡护码头和亲水平台、6 个公厕、2 个观鸟塔及人工湖、易源广场；打造芝樱花海 90 亩，种植国槐、石楠、大叶女贞等乔木 51 种 3 万余株，栽植芦苇、鸢尾、波斯菊、草坪等地被 30 万平方米；流转土地 5500 亩，建成水土保持林和防护林 4850 亩，增加湿地面积 860 亩，营造了良好的生态环境，取得较好的生态和社会效益。

项目二期规划范围西起水库大坝，东至 107 国道，沿汤河两岸区域，全长 8.4 千米。以汤阴历史文化为载体，梳理拓宽现有河道、融入休闲体育元素，提升河道两侧植物景观特色，净化水体、巩固堤岸，营造宜人的自然环境。在沿河两岸规划设计了 107 国道、302 省道和湿地保护站 3 处游客管理服务中心，汤河印象、运动公园、党建公园、汤水荡波、桃李争妍、四季花海、花海梯田、炫彩绿道、湿地物语、净化水田等景观节点公园 20 余处，桥梁包括中张贾至南张贾一号桥、南张贾水库玻璃栈道桥、南张贾至西冢上漫水桥 3 座，蓄水溢流堰共 6 座，3 处公园管理用房和 9 个公厕，修建滨河两岸观光路、健康步道 25 千米，将汤河沿岸景观贯穿联结成为一条休闲观光生态景观带，有效带动观光旅游、体育运动、休闲农业等生态产业发展。

汤河湿地公园主要有以下功能：一是发展湿地生态旅游。以健康体育和休闲度假为主题，开发小河竹林、环湿地公园骑行、休闲体验采摘农业等生态旅游项目，合理利用湿地资源，通过改善区域生态环境，带动区域经济发展。二是开展湿地体验和生态游学活动。组织安阳幼专、汤阴实验中学、东酒寺小学等学校师生到湿地公园开设户外课堂，以生态科普为主题，开展科普实践、生态游学等体验活动，提高中小学生生态保护意识。三是建立义务植树基地。2017 年县四大班子领导带头和 100 余名"五凤"模范榜样人物到湿地公园义务植树 280 亩，带动全县企事业单位干部职工 3000 余人参加义务植树活动，栽植树木 3 万余株。

在运营模式上有以下特点：一是群众参与公园管理。组织公园周边 80 余名群众充实到保安、保洁、绿化等公益岗位，在加强公园日常管理的同时，增加群众收入。二是群众参与公园建设。充分发挥湿地公园的龙头引领作用，辐射带动汤河两岸农林生态园建设，近年来，先后流转土地 2.5 万余亩，建成三禾农庄葡萄园、滨河农庄采摘园、汤河湾植物园、大运生态农业、小河竹林等农林生态园 30 余家。目前，湿地公园周边区域集现代农业、餐饮娱乐、休闲旅游、养生益智等产业于一体的沿河经济带已初现雏形。三是群众参与公园服务。鼓励当地群众在湿地公园周边开设农家乐，发展民俗、餐饮等服务产业，提升公园服务能力，实现就地就业、就地致富。四是群众开展志愿者活动。坚持常年组织志愿者深入湿地公园周边村庄、社区开展打扫卫生、环境保洁等义务劳动，和谐社区关系，共同保护湿地公园环境。

在建设汤河湿地公园的过程中，当地政府严格按照《汤阴汤河国家湿地公园总体规划》和国家湿地公园建设要求，高起点高标准新建了汤河湿地科普馆、野生动物救护站、湿地学校等基础服务设施和科普宣教阵地。特别是科普馆布展内容方面，及时增加党的十九大关于生态文明建设的内容篇幅，注重突出汤河文化特色，其建筑体量和湿地功能展示作用在豫北地区首屈一指。

汤河是河东区的内河，汤河湿地是典型的河流湿地，汤河国家湿地公园是以保护汤河河流湿地为主要目的，湿地公园的建设意义在于为临沂城市近郊开发建设的同时，保留部分河流湿地生态空间，对于恢复和保护沿河流域湿地动植物资源有着至关重要的意义，同时可以有效制止和减少沿河污染，规范发展行为，保障下游沭河、淮河水质安全，给两岸民众提供一个宜居、生态、休养生息的场所，最终打造一个可持续的循环生态系统，为市民创造一个人与自然共生的环境。主要在湿地公园建设概况、湿地生态系统基本状况、湿地保护与恢复、湿地公园管理及能力建设、科研监测及宣教体系建设、合理利用及社区关系协调、服务设施及基础设施建设、建设水平与示范作用、汤河湿地公园建设亮点与特色等九个方面做出了典范。

第三章　大运河旅游带建设典型案例

河北省：廊坊段统筹规划，创新运河发展格局

北运河廊坊段位于河北省香河县境内，长 21.7 千米，其与北京的界河长 2.4 千米，与天津的界河长 6 千米，香河县权属段河道长 13.3 千米，上连北京通州，下接天津武清，是贯穿京津冀大运河的重要节点，是大运河旅游带建设的重要节点。在展现大运河风貌和人文精神，共同推进大运河文化保护传承利用方面具有独特地位。

为深入贯彻落实习近平总书记系列讲话和重要批示精神，落实京津冀协同发展战略相关要求，依据《大运河文化保护传承利用规划纲要》《河北省大运河文化保护传承利用实施规划》等相关要求，河北省编制了《北运河廊坊段旅游通航规划》，规划范围为北至香河县与北京市通州区交界，南至香河县与天津市武清区交界，北运河束堤后的范围内，面积约 29 平方千米。河北省深入挖掘运河文化内涵，整合沿线周边自然和人文要素，强化保护传承利用，将北运河廊坊段及其沿线打造成为文化精华带、绿色生态带、休闲旅游带和区域协同发展的典范联系纽带，带动沿线经济社会高质量发展。

一方面，北运河廊坊段旅游形象以"京畿首驿·如意香河"为定位，香河县为北运河通航旅游出京第一站，在建设过程中积极落实京津冀协同发展要求，充分借势北京，发展运河休闲旅游。同时，通航旅游营造出如意圆满、轻松闲适的休闲氛围。

另一方面，北运河廊坊段旅游通航工程按照"保通航、塑风情、兴文旅"的思路，塑造一河贯通、分段定位、辐射城乡的整体空间架构，形成"一带、三段、两翼、多核"的旅游通航发展格局。"一带"即以运河旅游通航为核心的文化旅游发展带；"三段"即北部森林风貌、中部休闲风情、南部田园风光三个特

色风景区段；"两翼"即运河旅游辐射带动的东西两侧城乡旅游发展片区；"多核"即以河心岛、王家摆、金门闸等为核心的文旅项目。北运河廊坊段重点面向京津冀休闲旅游客群，打造香河全域旅游发展高地和门户。通过 5 ~ 10 年的发展，带动香河全域旅游人数提升至约 1200 万人次，年旅游总收入提升至约 60 亿元。

据上位规划，落实北运河以防洪排涝和生态功能为主、兼顾旅游通航的定位，确定北运河廊坊段航道等级为Ⅵ级，满足旅游通航功能。北运河旅游通航工程主要涉及通航工程（河道整治、导助航设施配布、码头、碍航设施改造）、道路交通工程（道路建设、交通设施配套）、园林绿化工程（生态绿化建设、郊野公园建设）和旅游服务工程（北运河廊坊段旅游文化资源产品设计和挖掘等）。2020 年，完成曹店橡胶坝至牛牧屯引河区段清淤疏浚、航道治理，实现曹店橡胶坝至安运桥区段旅游通航。2021 年，实现与北京互联互通、分段通航；滨河生态景观建设成效显著；运河沿线文化资源得到有效保护；旅游产品和线路建设初见成效；运河旅游发展的协同机制初步形成。2025 年，具备与京津旅游全线直航的条件；滨河生态景观工程全面建成，风情魅力突出；香河运河旅游品牌叫响京津冀，显著带动经济社会发展。

北运河廊坊段旅游通航工程在建设和发展过程中有许多经验值得学习和借鉴。

第一，综合统筹，确保通航。统筹考虑与旅游通航相关的水量保障、航道及配套设施建设、碍航设施改造等问题，实现准时、安全通航；统筹考虑北运河沿线的文化遗产保护传承利用、生态建设和旅游发展。

第二，生态优先，绿色发展。严守生态保护红线管控要求，合理确定航道、码头等级，杜绝破坏性建设，严格控制污染排放，开展生态保护与修复，建设林水相依、绿廊相连的生态旅游北运河。

第三，保护遗产，彰显文化。挖掘北运河传统文化内涵，推动运河文化高质量保护和创造性转化，彰显时代特征和地域特色，在发展大运河旅游的过程中要讲好香河自己的大运河故事，凸显香河大运河自身特质。

第四，提升品质，吸引客群。依托运河通航，深度融入京津冀旅游市场，着力发展面向京津客源的休闲旅游，不断提升旅游服务品质，促进全域旅游及关联产业高质量发展。

江苏省：淮安建设再提升，打造生态文旅新高地

2013 年年初，淮安市委、市政府为保护传承利用运河文化，打造苏北重要中心城市特色生态景观，作出了开发和建设里运河文化长廊的战略决策。2019 年，为进一步提升和完善里运河慢行系统配套服务功能，淮安市专门实施了里运河慢行系统服务设施提升工程，由淮安市大运河办牵头具体实施。该项目在原有慢行系统基础上增加了休闲驿站、健身体育设施、休憩座椅、楹联牌区、厕所、遮阳避雨等服务设施，全年完成投资 3500 万元，进一步提升了里运河两岸设施配套层次，为广大市民和游客创造良好的人居环境和游憩空间。

清江浦

里运河文化长廊慢行系统项目是里运河文化长廊建设项目之一，起点位于被列入联合国世界文化遗产、拥有 600 多年历史的里运河清江大闸，终点为淮安区友谊桥，全长约 27 千米，完成总投资 3.5 亿元。项目设置人行道、自行车道、电瓶车道及景观绿化、夜景亮化、雕塑牌匾等配套设施。全线按照统一规划、分

段实施的原则于 2013 年启动实施，2018 年年底实现全线贯通。

项目设计过程中，秉承"大家规划，名家设计"理念，以提升生态经济发展为导向，高起点、高标准展开各项规划设计工作。2013 年年初，邀请同济大学进行项目总体规划编制；2014 年，同济建筑设计研究院又对项目在总体规划的基础上作进一步深化设计，秉持"以水为魂、以绿为基"生态发展理念，挖掘提炼慢行系统各项潜在价值，在慢行系统功能布局上认真研究，科学整合，做到系统化、网络化、舒适化，串点成线，以线带面，严格控制河岸退让红线，按照 5A 级景区和国家级旅游度假区设计标准，打造大运河文化带沿线慢行系统样板工程、示范工程。

项目建设坚持以人为本，致力为市民、游客提供设施齐全、功能完备的集休闲、健身、旅游、观光于一体的绿色生态廊道。一是在沿河两岸，建设了慢行系统，市民、游客可以步行，也可骑行，穿梭其中，尽享里运河之美。二是对沿河亮化进行了科学规划设计，明暗相间，动静结合，为夜游里运河锦上添花。三是合理布局了停车场、休闲座椅、旅游厕所等服务设施。四是建立完备的安全监控体系，加强安全监管，确保游客人身和财产安全。

"三分建、七分养"，项目建成后，为进一步做好慢行系统管养工作，淮安市明确大运河办全面接管涉及清江浦区政府、经济开发区管委会、生态文旅区管委会等沿线十多个部门和单位的管养工作。接管后，大运河办迅速建立了"手机日报、周检查、季度考核"的工作机制，及时、准确地了解、掌握公共设施管养情况。为加强对慢行系统的有效及时管理，防范安全风险，提高市民的安全感、幸福感，2020 年淮安市投入 800 多万元用于完善里运河文化长廊慢行系统监控系统建设。自实行统一管养以来，大运河办完成了里运河沿线 70 万平方米绿地的修剪、施肥、除草和 33 个亮化项目灯具的检修、更换工作。里运河慢行系统的成功建设和高效管养，吸引了"全国龙舟赛""全国铁人三项赛"等多项国家级体育赛事在里运河沿线成功举办。

如今的里运河两岸，亭台楼阁绿树成荫，夜间灯光斑斓流光溢彩，游船画舫穿梭其中，成为名副其实的生态景观廊道，"运河之都"淮安正在不断散发出千年运河的迷人芬芳。

里运河旧貌展新颜

首先，里运河文化长廊慢行系统项目始终坚持"以人为本"的发展理念和思路，在建设过程中不断汲取人民群众的建议，确保项目高质量建设，在提供生活便利、改善居住环境、打造旅游品牌方面不懈努力。

其次，重抓高起点、高标准规划设计，力求品位一流。邀请专业规划设计团队对里运河文化长廊慢行系统进行规划设计，结合长廊线长点多等特点，集中力量各个击破，确保慢行系统总体的规划质量。

再次，紧抓高质量、高效率工程建设，力求质量一流。坚持打造精品工程，将历史文化元素融入施工各个环节。通过公开招投标选择施工队伍，科学编排进度计划，明确各方责任，强化现场技术督导，保证项目高质量、快建设。

最后，狠抓高水平、高目标运营管理，力求成效一流。由淮安市大运河办统筹负责项目建成后的管养服务，保证慢行系统的安全卫生、运行有序。

总结项目建设经验，在大运河旅游带相关项目规划和建设中应注重以下三点。

一是在"统"字上下功夫。充分发挥政府部门牵头抓总、协调各方的职能，加强对项目沿线各地区和单位的指导推动，强化统筹推进，进一步优化提升项目各板块功能和设施设备，始终坚持"以人为本"的理念，为市民和游客提供更加优质的休憩、运动、娱乐的活动场所。

二是在"融"字上做文章。结合区规划布局，一体化统筹考虑项目建设的地上地下空间布局，形成"高低起伏、错落有致"的沿街建筑天际线和协调有序的建筑风貌。统筹考虑桥梁设施的设计，如过街天桥、跨线桥、跨河桥、桥梁景观装置或构筑物等，强化特色节点的展示作用。建设立体空间道路，与现有的平面慢行系统有机连接，构建城市脉络，发挥运河特色，提高文化活力，打造融合生态休闲与社交体验的绿色活力纽带。

三是在"新"字上求突破。根据沿线功能和场所活动，丰富文化感知、文化体验、文化创意、文化溯源等各大场景。有计划地逐步提升舒适性，打造宽敞的活动空间、TOD 一体化的立体过街；增加活动多元性，形成活跃的沿街场所、打造分时共享的活动空间；增强街道识别性，打造舒适宜人的街道尺度、视觉丰富的街道空间。

江苏省：古镇蒋坝换新颜，丰富运河旅游业态

蒋坝镇始于东汉，兴于北宋，已有千余年历史，西临烟波浩渺的洪泽湖，南接全国闻名的水利枢纽三河闸，东依一望无际的里下河大平原，且水路交通便捷。全镇水陆面积 12.1 平方千米，人口近 1 万人。这里旅游资源得天独厚。有300 余年历史、独具传奇色彩的银杏树，有乾隆南巡至此题字的"信坝碑亭记"三面碑、东岳庙、彭祖墓和"七仙井"；有快活岭湿地花田、镇水之宝铁牛，还有富含偏硅酸和锶登多种微量元素的地热资源。这里文化底蕴悠久深厚。1800 年来这片神奇的土地上已孕育成富有地方特色的三大文化：洪泽湖演变史、大堤修筑史和古人治洪史组成的古淮河水利文化；祈求国泰民安、风调雨顺和追求养身之道的宗教文化；酸汤鱼圆、红烧鱼头和红烧肝肠等江苏乡土名菜组成的饮食文化。近年来，随着大运河申遗成功，洪泽湖大堤成为重要节点，蒋坝镇作为洪泽湖畔最古老的镇，紧紧围绕大运河文化带建设，深挖特色资源、主动作为、大胆创新，通过努力，小镇实现了由量变到质变的华丽转身，成为江苏省 17 家旅游

风情类特色小镇之一，先后获评全国文明镇、国家卫生镇、江苏省水美乡镇、江苏省十佳生态旅游小镇等称号。

蒋坝古镇区

蒋坝镇积极开发美食、温泉、生态等文旅资源，将乌镇、周庄、湖㳇镇等一流旅游名镇设为标杆，充分挖掘河工文化，打造河工风情小镇。改进管理机制，积极探索政府引导、企业主体、市场化运作的模式。党委政府负责搭台，主要承担定位、规划、基础设施和审批帮办服务等职能；企业负责唱戏，由企业主导项目的投资、建设、运营和管理。实现了"有效市场"与"有为政府"的有机统一。创新开发模式，将镇内的资源、资产进行整合、评估、量化，使资产变为资本、资本变为资金，与区城投合作成立天鹅湾旅游公司，成为全市第一个成立实体运营公司的乡镇。抓住国家金融窗口期，获批中国农业发展银行 19.33 亿元的新型城镇化建设低息贷款，成功破解融资等难题；撬动与大千生态合作总额达 15.8 亿元的美丽蒋坝 PPP 项目，该项目成为财政部和国家发改委双示范项目，创下多个第一。

在前些年各地专注于以工业为核心的传统打法时，蒋坝镇已悄然对镇区的发展进行长远谋划。工业产业外迁，1995 年，全镇工业产值成为全县首个突破亿元的乡镇。随着时代的发展，传统的工业类型与区域发展已格格不入，但工业外迁和产业转移势必影响小镇发展。蒋坝镇以壮士解腕的勇气与决心，将全镇的工业企业外迁，形成镇区 12 平方千米土地上没有一家工业企业的格局，为旅游发展打下生态基础。坚持规划引领，区别于"切豆腐"式碎片化的开发，将全镇规划成古镇区、新镇区、温泉养生、乡村旅游四大片区。积极向国土、规划等相关部门争取红利政策，调整基本农田，争取土地指标，为未来发展打下空间基础。实施宜居工程，率先在全市实施乡村宜居工程，安置群众近千户，建设了占地 115 亩、近千套五层带电梯的农村相对集中居住用房，腾挪出几千亩发展空间，为后续项目引进创造条件。

文旅产业振兴是主抓手，"穿衣戴帽"仅仅是小镇发展的一小部分，人才集聚的"气质"和产业发展的"里子"才是小镇之魂。

首先，集聚高质量人才。凝聚、培养"头羊"人才，是文旅产业振兴战略的重中之重。蒋坝镇以优惠的政策和整合资源的能力，谋划好人才振兴工作。通过创新出台宅基地使用权转让等方法，引入孟岩、牟森等知名学者和新乡贤，带头开展"复兴计划""美丽乡村共建计划"等，加快培育民宿、洋家乐等新兴经营主体。

其次，引入高质量企业。引入大千生态、蓝城集团、荣盛康旅、同程旅游等优质企业，投资近百亿元开展美丽蒋坝 PPP 项目、安澜小镇、康养综合体等项目建设。

最后，丰富高质量业态。以举办百桌船帮宴、螺蛳节等活动为媒介，做好"春季螺蛳夏季虾、秋冬螃蟹口味佳"湖三鲜美食文章，引导广大群众做好螺蛳、龙虾、螃蟹等养殖、加工、制作、销售工作，形成美食产业链，实现旅游兴、农村美、农民富相结合。

2019 洪泽螺蛳节

短短几年时间，蒋坝镇在文旅兴业的道路上实现了化蛹成蝶的蜕变、破旧立新的转变。蒋坝镇的成功对于江淮地区村镇的大运河文化带建设具有推广复制性。

第一，绿色刷新最美大堤。洪泽湖大堤有着"水上长城"之誉，蒋坝镇做足做活"堤"字文章，打造一条绿色景观大堤。现在，洪泽湖大堤蒋坝段这条精心打造的"最美三千米"，精选景观花种，铺设荧光小道，昼夜有异，四季不同，成为百里长堤的精华所在。同时，立足四面环水的岛状形态和丰富文旅资源，打造环岛绿道，串联起洪泽湖风光、湿地风光、夕阳风光，水杉林、三清源湿地等原生态景观，显现出多层次、多侧面的生态之美。

第二，文化重塑古镇风采。蒋坝镇抢抓大运河文化带建设东风，围绕"面子上有品位，里子上有味道"目标，高标准启动古镇文化提升工程。现在的古镇区，一排排江淮特色民居白墙灰瓦、古色古香，古茶庵、七公庙、七仙井、石工堤等建筑端庄质朴，古街、古庙、古井、古堰古风流韵，展现凝固的美感，勾起人们记忆中的老滋老味老格调。推出的渔家风俗、民间工艺，挖掘提炼的彭祖、耿七公故事等民间传说，别有一番乡土韵味，让人寻得一股悠远的乡愁。

第三，主业聚合商气人气。蒋坝镇深入挖掘湖鲜餐饮、康养休闲、河工水利等特色文化，新开发的优质热矿泉水温泉，精心打造既养眼养胃、又养身养心，具有鲜明烙印的文旅康养产业链条，从以往行色匆匆、车马劳顿的"交通驿站"，变为远离尘嚣、享受生活的"休闲驿站"。文旅主业的"葡萄串效应"，既带动了一度颓势的传统餐饮、商业、旅店等产业，也引来创新创业者的青睐，催生新的业态。

总的来看，蒋坝省级河工风情小镇有以下几点发展经验值得学习借鉴。

首先，尊重地方特色，找准发展定位。蒋坝依托大运河文化带、淮河生态带建设等契机，充分挖掘河工等当地文化，通过市场杠杆的调节作用催生出餐饮、民宿等产业，盘活老复兴、重云阁等老字号，入住盒马鲜生等新兴美食链，并形成了集养殖、加工、制作、销售等为一体的美食产业链，据专家估计未来可形成百亿元产值，形成产业护城河。

其次，明确受益主体，画出最大同心圆。根植地域特点，用文旅融合思维发展农业，起到了三产联动、多产融合的效果，促进农民就业增收有着多重意义。

通过一系列项目的实施，带动了当地 1000 多人就业，仅此一项农民便人均增收 3 万元以上，在此带动下，群众自发恢复了"老复兴酒楼""工农兵饭店"等老字号餐馆，新开了"彭乡缘""长淮渔歌"等 10 余家农家乐，让旅游真正成为富民产业。

最后，顶层设计与基层创新相结合。蒋坝镇在发展过程中选择符合发展方向和群众认可，以市场主导、政府指导、社会各界积极参与的经营方式合理处理政府、投资者、村民之间等各方面的关系，理顺机制体制，做好顶层设计，不断协调各方面的价值理念，形成未来发展"喊、动、转"工作目标，共同开发"走进来、停下来、住下来、带出去"等具有市场生命力的产品。

江苏省：融合促发展，发挥水利风景区新效能

洪泽湖三河闸水利风景区，位于淮安市境内、洪泽湖东岸。古代隋唐运河穿越洪泽湖区，明清"蓄清刷黄""治河保运"治理形成的高家堰（今洪泽湖大堤）是景区的核心部分。景区水利工程宏大，自然风光优美，文化遗存众多，地理交通便捷。三河闸 1953 年建闸期间，陈克天总指挥曾计划建设游览区，并邀请东南大学杨廷宝教授规划，后因经费问题未能实现。进入 21 世纪，随着治水理念的转变，三河闸水利风景区起步建设，逐渐发挥其效益。

目前，景区由江苏省水利厅直属洪泽湖水利工程管理处负责建设管理，2003 年建成以来累计投资约 4 亿元，占地面积约 8 平方千米。景区展示了淮河洪泽湖不同历史朝代治水管水遗存，形成了一条淮河治水历史传承的文化脉络，人民性是洪泽湖水文化的第一属性。具有鲜明的水文化特色，发挥了水利和文化功能，是治水工程和文化融合的典型案例。

在空间设计上，景区沿洪泽湖东岸布置，呈"龙"字形状，三河闸为龙头，

洪泽湖大堤为龙身，横卧在洪泽湖边，包括大河、大湖、大堤、大闸，即中国七大江河之一淮河，第四大淡水湖洪泽湖，千年古堰、世界文化遗产洪泽湖大堤，淮河第一大闸三河闸，其依托的水利工程在中国水利史上具有重要的位置。

礼湖

在多年建设的努力下，景区获得一批荣誉称号：2003 年，三河闸水利风景区被水利部批准为"国家水利风景区"；2005 年，三河闸管理所通过"国家一级水利工程管理单位"验收；2014 年，洪泽湖大堤作为中国大运河的重要节点，列入《世界遗产名录》；2017 年，获评"江苏最美水地标"；2018 年，获评江苏"最美运河地标"；2019 年，获评全国第二届水工程与水文化有机融合案例；2020 年，景区作为典型案例入选《中国水利风景区发展报告（2020）》。对淮安市而言，景区以三河闸为核心，以盱眙县马坝镇和洪泽区蒋坝镇为两翼，组成乡村振兴的苍鹰，已呈起飞之势，未来前景可期。

从功能上看，景区主要承担两大功能，即水利功能和文化功能。

第一，水利功能。千里淮河及其支流汇入洪泽湖，分三条河道归江入海，洪泽湖大堤、三河闸及沿线工程构成洪泽湖控制枢纽工程。汛时，排泄洪水保淮河安澜，基本达到百年一遇标准，是苏北里下河地区 2600 万人民和 3000 万亩农田的防洪屏障；非汛时，拦蓄淮水，提供水资源供给工农业生产，是南水北调的调蓄水库。洪泽湖，是苏北人民的"母亲湖"。三河闸建成以来，年均泄洪约 200亿立方米，战胜了 1954 年、1991 年、2003 年、2007 年、2020 年等年份淮河洪水，洪泽湖大堤再未决口，发挥了巨大的防洪减灾效益。

第二，文化功能。洪泽湖烟波浩渺，三河闸宏大雄伟，高家堰遗存众多，随着洪泽湖系统治理的推进，水质改善，生态修复，景区越来越成为全民生态旅游的好去处。水利行业职工到景区可追根溯源，通过遗存实物切身感受古代、近代、当代治水的理念、制度和精神，增强水利文化自信。每年至少100万人次的游客来到景区，感受中华人民共和国成立以来的70多年治淮成就，享受到浓浓的文化滋养，普遍接受水情教育。

在景点建设方面，景区有着丰富的经验值得借鉴。三河闸建成"龙"字桥头堡及启闭机房，似蛟龙横卧淮河入江水道口门；1701年铸造的2头镇水铁犀，守望洪泽湖；洪泽湖治水文化碑廊陈列的27块治水石刻，传承了明代以来的治水理念；1945年镌刻的"永保群众利益"，展示了中国共产党人的为民初心；三河闸闸史陈列室，回顾辉煌的建设和管理历史。洪泽湖大堤沿线设有1751年智坝遗址、1824年周桥大塘决口遗址公园、1833年信坝及洪泽湖碑、"一定要把淮河修好"等水文化景点。洪泽湖治理的众多文化遗存，通过一"点"一"线"有机串联。

另外，景区是公益性景区，主要景点设施对社会开放，三河闸工程核心区和洪泽湖水文化碑廊实行预约制，由水管单位工作人员进行专业讲解。景区工程及附属设施维护，主要依靠省水利工程建设、维修养护经费，无旅游经营收入。

水文化碑廊

总结景区发展经验，主要有以下两点值得推广和借鉴。

第一，坚持挖掘和传承水文化。洪泽湖三河闸水利风景区展示了汉代以来淮河洪泽湖地区不同朝代的治水历史，如汉代的捍家堰、唐代的萧家闸、宋代的洪泽运河、明代的周桥石闸和清代的"仁、义、礼、智、信"滚水坝等工程及碑刻、典籍、人物、故事等物质和非物质遗产。同时，展示了中华人民共和国成立以来治淮 70 多年的伟大成就，特别是三河闸建设期间正处于抗美援朝时期，国家集中了 15.86 万人、在不到 1.5 平方千米的土地上，用了 10 个月时间建成了当时全国第二大闸，成为党领导群众改造山河的巍巍丰碑载入史册，并发挥了巨大的防洪减灾和水资源供给效益。其间涌现出来诸多水利英雄，他们的先进事迹作为水文化元素在景区展示、褒扬，值得社会大众去参观。如 17 岁的民工小队长高秀英（女）不惧严寒，带头挖土、抬泥，攻克了三河闸下游引河"鸡爪山"（砂礓土墩），为三河闸顺利竣工作出了贡献，被授予治淮模范，奖励一头耕牛。三河闸工程技术员王守强 1968 年的喷性防腐试验工作笔记，书写工整，数据严谨，让大家感慨道，他日后成长为水利部副部长绝不是偶然。

第二，坚持多渠道投资融合发展。洪泽湖三河闸水利风景区建设，吸收了水利单位工程建设、维修养护、综合经营收入等投资，同时在确保堤防安全、不违反水法规的前提下，与地方政府合作共建，吸收了交通、文化、旅游、林业等部门的投资，成果为社会大众共享，服务地方经济和社会发展，同时提升水利行业的社会形象。

江苏省：创新嘉年华，焕发运河灵动之美

2014 年 6 月，扬州牵头的中国大运河项目顺利入选世界文化遗产名录。作为与古运河同龄的运河原点城市与成功申遗的牵头城市，扬州一直孜孜不倦地思

考与探索大运河文化带建设，在实现"活态运河、活化传承"的命题中持续行动。2019年，扬州市主办"2019年世界运河城市论坛暨世界运河大会"，向世界宣传中国大运河保护传承利用的理念、实践和成就，并借鉴世界运河城市保护传承利用运河文化的先进经验。在此背景下，"运河文化嘉年华"应运而生，已连续开展了两届活动，并将作为扬州市的重要文旅活动，常态化推进下去。

"2019运河文化嘉年华"于2019年9月26日至10月6日，在宋夹城、古运河、"扬州三把刀"集聚区、运河三湾景区、生态科技新城五大区域举行，共计19项活动。其中，宋夹城作为主场地将举办包括开幕式在内的15项活动；古运河、"扬州三把刀"集聚区、运河三湾景区、生态科技新城各举办1项活动。"2020运河文化嘉年华"于2020年9月28日至10月6日，在宋夹城、古运河、"扬州三把刀"集聚区、运河三湾景区、鉴真图书馆五大区域举行，共计19项活动。其中，宋夹城作为主场地举办了包括开幕式、裸眼4D灯光秀、空中无人机表演秀等在内的15项活动；古运河、"扬州三把刀"集聚区、运河三湾景区、鉴真图书馆各举办1项活动。

以"2019运河文化嘉年华"为例，嘉年华选址5处，贯穿扬州主城区，由1个主会场与4个分会场构成。主会场宋夹城，毗邻瘦西湖，前身是南宋抗金的重要军事防御工事，现为扬州规模最大的市民公园之一，全年免费对外开放。古运河从扬州城穿城而过，是整个运河中最古老的一段，历史遗迹星列、人文景观众多。"扬州三把刀"集聚区位于蜀冈瘦西湖景区内，是展现扬州厨刀、修脚刀、理发刀三把刀文化的聚集地。运河三湾景区是扬州的新地标，扬州中国大运河博物馆落户于此。生态科技新城位于扬州江广融合地带，是生态化、科技化的示范区。活动期间，扬州旅游热力图像一支高高擎起的"火炬"，南边的三湾景区，像火炬"把手"，中部的古运河，像火炬"柄身"，北边的宋夹城，像火炬"烈焰"。

傩舞跳娘娘·运河文化嘉年华非遗展演现场

连续两届的嘉年华，其活动项目丰富多彩、开放多元。主要体现在：一是聚焦经典，包括灯光秀、花船巡游、欢乐巡游、运河城市非遗文化展示与"老字号"展销等项目；二是引领潮流，包括哔哩哔哩虚拟偶像秀、电竞嘉年华、空中无人机表演秀等项目。

作为一项大型文化惠民工程，绝大多数项目免费向市民和游客开放。此外，积极引入企业冠名或赞助，努力推动市场化运作。

总结嘉年华良好效果的取得，主要有以下几点原因。

一是推动文旅融合，探索文旅融合发展新路径。扬州连续开展了两届"运河文化嘉年华"，通过深挖大运河文化，串联运河沿线城市文化遗产资源，成为集文化交流、品牌展示、产品展销、产业合作于一体的载体，更是加强运河城市间经济、文化、旅游等互联互动的平台，用好看、好玩、好吃、好用重构文化旅游产业链，推动运河文化旅游和休闲度假产品创新，为运河文化旅游融合发展总结出好经验、探索出新路子。

二是塑造品牌形象，凸显"千年运河·精彩生活"主题。嘉年华突出扬州在运河保护利用和价值弘扬等方面的探索，进一步保护好、传承好、利用好大运河历史文化资源，塑造了"千年运河"的文化旅游品牌。

三是赢得市场与口碑，得到社会各界好评。活动绝大部分项目可以免费参与，通过免费促消费，打造了消费业态新模式，吸引更多游客成为常客，有效拉动了"双节"期间的文旅消费市场。活动既得到了市场的充分认可，又受到了省市领导和社会各界的好评。

四是服务市民、游客。嘉年华全面提升了市民、游客出行的参与感、获得感及满意感，其中宋夹城作为嘉年华的主会场，系列活动经过市民、游客的口口相传，更是成为国庆扬州旅游的网红"打卡地"。

五是吸引年轻游客，扩大活动影响力。嘉年华聚焦"90后""00后"等年轻群体，哔哩哔哩虚拟偶像秀、电竞嘉年华、空中无人机表演秀等活动内容设置更加时尚，深度"营销"历史文化名城，扩大运河文化在年轻人群中的影响力。

运河嘉年华凭借创新性发展思路为大运河旅游带建设提供了宝贵经验。

第一，举办大型文旅活动需要上接天线、下接地气。嘉年华是全民参与的狂欢，而非孤芳自赏的"独角戏"，"运河文化嘉年华"的成功举办，是扬州对大运河——这一涵养人文精神的世界文化遗产的致敬，是深入践行大运河文化带、旅游带建设的有益实践，是实现"活态运河、活化传承"的命题成功行动。同时，主办方坚持以人民为中心的理念，嘉年华"能开则开，能多样则多样"。"能开则开"：运河文化嘉年华敞开大门，否决了活动全部项目收取门票的建议，绝大多数项目免费向市民和游客开放。"能多样则多样"：嘉年华紧扣开放、包容、创新的大运河文化内涵，尽可能多地举办各类活动，凭借广泛的参与度和观赏性，扩大品牌影响力、提升活动美誉度。

第二，举办大型文旅活动需要挖掘特色、增强体验。随着大众旅游、全域旅游时代的到来，无论市民还是游客，都不再满足于单一枯燥的观光景点游。同样，文旅活动如果仅以视觉观看为表现形式，就难以真正产生吸引力。唯有提供特色鲜明、体验感强、贴近生活、便于互动的文旅产品，才能提升他们出行的参与感、获得感与满意感。嘉年华通过"文化庙会"的形式，打造人民大众喜闻乐见的文化盛宴，凸显沿线运河城市文化特色，增强与市民、游客的互动体验，成为市民狂欢的文化集市、游客深度了解扬州的目的地，得到了市场的认可与社会各界的好评。

第三，举办大型文旅活动需要统筹协调、多方联动。举办大型文旅活动，塑造行业内具有影响力的品牌，仅靠单一力量是无法实现的。"运河文化嘉年华"之所以取得成功，得益于扬州市多个部门、单位与企业的通力协作。市委、市政府主导，做好顶层设计，编制了活动总体方案、任务分解表等，专门成立筹委会与领导小组，进行整体部署和统筹协调，多家单位协同联动，同时积极引入社会力量，强化资金保障，最终实现全市一盘棋、上下一条心，把活动筹备、开展与保障工作抓实抓细。

江苏省：丰富望亭旅游内涵，再现运河古驿风采

京杭大运河望亭段北起望虞河、南至浒墅关镇，共计 6.5 千米。近年来，望亭积极推进大运河文化带建设，全面展示出"运河吴门第一镇"的深厚底蕴。全面恢复了御亭、皇亭碑、驿站等旧址，系统打造了集遗产保护、文化研究、生态旅游等为一体的运河公园暨历史文化街区。公园位于望亭中心镇区，分为沿运河段和沿御亭路段两部分，呈 T 字形。其中沿运河段南起鹤溪大桥、北至双白桥，全长约 2000 米，腹地宽度从 12 米到 100 米不等；沿御亭路段东起马驿路、西至鹤溪路，全长约 550 米。

望亭运河公园于 2017 年 6 月启动建设，2019 年 5 月全面落成，总占地面积 300 亩，总投资超过 1 亿元。运河公园主体包括薰衣草花海、历史文化街区、运河红色驿站、集装箱文创园等内容。其中薰衣草花海占地面积 11.5 亩，是运河旅游观光的优质目的地；历史文化街区总占地面积 24 亩，包括望运阁、望亭驿，御亭等多处历史文化建筑，内设"千年望亭、非遗运河、望亭古驿"三个主题文化展示场馆，是望亭历史文化集中展示窗口、文化旅游第一站；运河红色驿站建筑面积 200 平方米，涵盖"红色驿站"党建品牌建设成果展示、党建知识互动学习、信仰生活空间等多个功能区；集装箱文创园建筑面积 2500 平方米，建设内容融入望亭运河漕运文化特色，是历史文化街区特色商业区。2019 年运河公园荣获苏州十大民心工程。

根据全镇产业格局特点，运河公园分为三大板块，概括为"一心两翼"。"一

心"是项目T轴中心，为整个运河公园的中心，用于建设及修复古建，占地面积10120平方米，建筑面积约2935.84平方米，包括千年望亭、望运阁、御亭、望亭驿等多处历史文化建筑。"两翼"为绿化景观提升，南侧以望亭4000多年的稻作文化为农业特色主题，建设农业示范体验区，北侧以望亭工业发展为主题，充分运用现有的多处工业遗存，增设部分集装箱建筑进行景观设计，打造工业综合展示区。

公园重现望亭老街一角的风貌，恢复了御亭、望亭驿等旧址，深度挖掘街区历史文化价值，实行"老街新用"，打造一个集科普教育、市民休闲、民俗、节庆文化活动体验于一体的望亭地域文化体验区。

其中，在文化馆、望运阁、望亭驿三座建筑中分别设置了"千年望亭、非遗运河、望亭古驿"三个主题文化展示场馆，场馆总建筑面积约为1223.6平方米，以"文化客厅、回望御亭"为主题，打造望亭历史文化集中展示窗口、望亭非遗文化活动中心、望亭文化旅游第一站。历时两年打造的运河公园集遗产保护、文化研究、生态旅游、特色党建于一体，目前全部免费对外开放，实行预约参观制。集装箱街区为商业街区，目前，已有都银咖啡店、"默"艺术馆等业态入驻，为全镇农文旅融合发展注入了现代化"新血液"。

2000年来，古老的京杭大运河穿镇而过，世代望亭人在此繁衍生息、生活劳作，它为望亭创造了繁华景象，带来了经济文化的繁荣，也留下了璀璨丰厚的文化记忆。望亭历史文化街区是运河公园的核心区，复原了望运阁、千年望亭、望亭驿等建筑，充分发掘望亭历史文化底蕴，起到保护、利用、传承的目的。同时，以"文化客厅回望御亭"为主题，深挖望亭文化特质，在迎合建筑本身古建特色的基础上，充分运用现代传媒技术和艺术手段，展现"有生命"的、"有智慧"的文化展馆，致力打造成为望亭历史文化集中展示窗口、望亭非遗文化活动中心、望亭文化旅游第一站。

望亭镇承担起做好大运河旅游带建设的责任，系统做好对望亭历史文化资源的保护、发掘、利用、传承，通过对考古文物的保护研究、对非遗技艺的传承、对水系环境的提升，全面对外展示"运河吴门第一镇"的丰厚底蕴，以文化底蕴不断开发和完善旅游产品，用运河文化的力量形成大运河旅游带上一抹亮丽的景色。

　　望亭镇运河公园暨历史文化街区利用多方力量，着力打造丰富多样的特色旅游产品，大力提升旅游体验。首先，聚焦古镇乡韵，唱响相城运河文化IP，依托本土百姓，编排具有稻香古镇地域风情的情景剧《印象·望亭》，并登台江苏大剧院，以更加贴近百姓的手法和话语向游客讲述属于望亭镇的文化和故事。其次，以大运河为主线，实施文化"串并联"，将相城区望亭地志博物馆对良渚文化、崧泽文化的"证物"遗产融入运河文化，传承"历史文脉"，守护"文化之根"，全面构建望亭运河文化大繁荣的新格局。再次，运河文化与农文旅创融合发展，打造"运河吴门第一集·望运集"。最后，开展"大运河非遗学堂""运河大讲堂""大家夜课""文化夜演"等活动，讲述运河故事、探寻传统文化、践行文明实践，通过非遗手作、文化讲堂等新时代文明实践活动，实现文化"串并联"。

　　从江苏望亭运河公园暨历史文化街区的建设经验来看，对大运河旅游带的建设有以下几点启示。

　　第一，强化"刚性"支撑，打造文化地标。以运河传统文化为底蕴基础，整合各类资源，建成面积约20万平方米的运河公园暨历史文化街。运河公园作为传承千年的古驿站，承载着望亭丰厚的历史文化记忆，是贯穿古今的历史长廊；同时也优化了运河生态环境，是文化旅游的优质载体。

　　第二，推动"韧性"延伸，凸显人文内涵。望亭镇积极承担起做好大运河旅游带建设的责任，系统做好对运河历史文化资源的保护、发掘、利用、传承。大力推广北太湖和运河文化旅游名片，成立北太湖（大运河）研究所，邀请专家对大运河文化带建设进行"把脉会诊"。同时助力地方发展，成立江苏乡村振兴智库研究院和大运河文化带小镇联盟，旨在凝智聚力，围绕各级政府中心工作展开"媒体＋专业化"的复合型智库服务，为乡村振兴战略在江苏的深入推进提供智力支持和决策参考。

　　第三，注重"柔性"整合，加深旅游内涵。望亭镇建设深入践行以人民为中心的理念，切实把悠久的运河和稻作文化底蕴转化成百姓们的精神财富。

浙江省：传承发展，彰显慈溪深厚人文韵味

　　宁波慈城古县城被誉为"江南第一古县城"，位于宁波市西北面，紧邻浙东大运河，镇域面积 102.57 平方千米，人口 11 万人。2001 年宁波市委、市政府作出保护开发慈城古县城重要战略部署。项目占地面积约 2.17 平方千米，先后投入 60 多亿元资金，完成古县城搬迁 34.7 万平方米，宅院修缮 15.5 万平方米，恢复古城历史肌理 8.6 万平方米，景观改造 33 万平方米。自唐开元二十六年（738 年）到 1954 年，慈城古县城为慈溪县治所在地，涵盖了新石器时期的傅家山遗址、句章故城。慈城素有"进士摇篮、儒学胜地、慈孝之乡"之美誉，目前仍遗存了一座完整的"古县城"，保留着面积约 60 万平方米的明清建筑、书院遗址、慈孝遗迹和非物质文化遗产；慈孝文化、耕读文化、药商文化、建筑文化闻名远近，出过 5 名状元、1 名榜眼、3 名探花、519 名进士、2300 余名举人、5 名两院院士，周信芳、冯骥才、应昌期等一批文化界、金融界近当代名人。同时，2009 年被列入运河历史文化名镇。

大东门及瓮城

围绕"江南千年古县名城"总体定位，慈城镇以创建国家级文旅融合示范区为目标，以古县城为核心的 5A 级景区创建为载体，挖掘耕读、药商、慈孝、古建等历史文化底蕴，将慈城打造成为融观光旅游、休闲度假和文化体验为一体的全国知名文旅胜地、长三角休闲宜居瑰地。

对标国家 5A 级旅游景区建设，构建"一河一线多景点"文旅骨架，初步形成"城东游客旅游区、城西居民生活区"的分区格局。主动融入大运河文化带建设，重点聚焦民权路、解放河历史街区、慈城火车站等商业区块，导入一批知名度高、服务质量好的餐饮、民宿宾馆、休闲娱乐等服务行业，增强古县城文化旅游体验感。

宁波慈镇古县城在内容设计上，有以下几个特点。

一是重展历史风姿，彰显古城风貌。完成孔庙、古县衙、校士馆、清道观等 8 个重点历史文化景点建设，建成太湖路、太阳殿路 20 万平方米的历史街区和占地 3 万平方米的金家井巷国保区，累计修复完成各级文保单位（点）24 处。建成开放慈城历史文化展览馆、药商博物馆、冯定纪念馆、年糕馆等一批博物馆（纪念馆），囍园、古城大草坪剧场交付使用，谈家桢纪念馆、修思院、蛟头公园等正在加快建设中。

二是深挖文脉底蕴，绽放文化魅力。连续 18 年刊行《古镇慈城》杂志，先后出版《中国古县城标本——慈城》《乡愁的天际线》《天赐慈城》《慈孝甲天下》等一批书籍，成功申报水磨年糕制作技艺、半浦民间故事、骨木镶嵌等 3 项省市级非遗和近 30 项区级非遗。借力借势冯骥才、叶檀等名人名家开展各类活动，提高古城知名度。

三是有序导入产业，提升产业效益。引入省级非遗传承人和工艺美术大师，打造了以骨木镶嵌、泥金彩漆、龙船木雕等为代表的非遗街巷；吸引慈舍（金宿级）、聚宽书院、念兮、甬浩轩、浮碧山房等一批休闲业态入驻，民权路商业街建成投用，入驻商户达 85% 以上，古城旅游配套业态逐步丰富，商业氛围基本形成。

在运营模式方面，慈镇古县城的变化可以说是政府"职能转变"的缩影。2001—2019 年，慈城古县城的保护与开发主要由宁波市和江北区政府出资组建的宁波市慈城古县城开发建设有限公司负责，下设宁波市慈城金源旅游开发公司负责慈城古县城景区的管理和运营。2019 年 4 月，宁波市慈城古县城开发建设有限公司移交江北区政府管理，完成增资和股权变更，同年 12 月更名为"宁波市江北开发投资集团有限公司"。其后采用市场化管理模式，引入第三方机构，与中国旅游集团组建旅游开发运营公司，负责古县城景区管理和运营。

在社会各界的努力下，慈城镇先后被授予中国年糕之乡、中华慈孝之乡、全国文明镇、浙江省首批小城市培育试点、宁波市首批卫星城改革试点镇等荣誉。在获得众多称号的同时慈城镇也实现经济效益的增长。2005—2019 年，慈城镇地区生产总值从 12.6 亿元增加到 96.8 亿元，年均增长 13.8%；财政总收入从 2.3 亿元增加到 27.3 亿元，年均增长 19.5%；2019 年实现地区生产总值 96.8 亿元，地方财政收入达到 15.4 亿元，快于宁波市平均水平。2019 年顺利通过省级 4A 级景区复核验收，全年累计接待游客 86.1 万人次，同比增长 19%。2020 年国庆中秋"双节"累计接待游客 27.86 万人次，同比增长 229.3%。

总的来说，宁波慈镇古县城坚持以下几个原则。

一是坚持保护优先原则，重现历史人文特色。在国内率先为古镇历史文化保护颁布《宁波市慈城古县城保护条例》。尊重传统工艺，聘请民间大家，十年如一日地修旧如旧，慈城古建筑修缮工作荣获联合国教科文组织亚太地区文化遗产保护荣誉奖。

二是坚持传承创新原则，守护历史人文精髓。深挖文脉底蕴，借势借力打造品牌活动。依托深厚的慈孝文化底蕴，江北区连续开展 10 届中华慈孝节活动，"传承慈孝·喜庆重阳"活动成为市级公共文化活动品牌；持续开展"大过民俗年""年糕文化节"等地方特色民俗活动。

三是坚持合理开发原则，延续历史人文价值。编制完成《宁波慈城古县城产业发展定位与战略研究》和《宁波慈城国家级文旅融合发展示范区战略策划实施方案》。累计与 700 多家旅行社，以及同程、途牛等电商签约合作，初步形成了传统文化展示、影视拍摄制作、非遗传承发扬等多种文旅产业业态。

尽管取得一定成绩，但古县城旅游供给仍滞后于多元市场需求，引客入城力度还不够，需进一步创新营销模式，加大与大健康、大服务等业态融合。站在新的历史起点，在大运河旅游带建设关键期的慈镇古县城及相关地域，应把握市场脉络、找准弱项积极创新，谋求更高质量发展。

一是创新营销方式，打响文化品牌。开展立体化营销，引进以地域为拍摄取景地的影视作品，发展特色旅游商品；结合"古城旅游、时尚创意、影视文化、文化研学、文旅娱乐、运动休闲"六大业态，细分目标市场，开拓目标客源；挖掘骨木镶嵌、螺钿镶嵌等地方特色工艺产品，支持进驻电商平台，推进商贸线上线下融合发展。

大型明清建筑群

二是完善配套设施，提升服务质量。集中攻坚古县城保护开发的"四梁八柱"，计划投资 2.7 亿元，原汁原味传承古县城的风貌、韵味、尺度、肌理。增加景点的互动性、功能性，增强古城的文化和品质内涵。完善古县城旅游服务设施体系，加强景区规范化管理，优化主题动态游线设计，进一步彰显古城的人文气息。

三是加强区域联动，培育旅游新业态。谋划打造融养生保健、老字号品牌、中药材种植研发等中医药特色为主的中医药特色基地。优先导入文化创意、时尚设计、信息服务等重点产业，以大师工作室、艺术家群落、设计师联盟等机构和平台为载体，把慈城打造成为全市重要的文化和演艺集聚中心。逐步实施"互联网＋旅游"行动，加快旅游景区智能化和自助式服务体系建设。

浙江省：保护历史景观，再现练市运河旅游特色

练市镇大运河文化街区项目位于练溪南北两岸的老镇区，地处城市中轴线，西枕大运河，拥有独特的历史文化遗产景观——圆形粮仓。粮仓群属练市镇粮管所粮仓的一部分，始建于 20 世纪 60 年代。由 10 座圆锥形的单体粮仓东西向一字排列构成，建筑占地面积约 1000 平方米。粮仓顶部为小青瓦覆盖，作四面坡处理以便雨水排泄，仓体外壁有气窗用于仓内空气的流通，设有一门洞便于人员进出及稻谷的搬运；内部上方作穹庐顶，下方墙体加厚为防潮。每座粮仓容积约 250 立方米，可储存稻谷约 8 万千克。练市镇粮管所锥形粮仓群是湖州现存反映鱼米之乡盛况的工业遗产。

该项目用地范围约 13.9 万平方米，总投资 2.58 亿元，主要内容包括建筑改造、市政工程和景观改造。建筑改造主要是对老旧房屋的修缮改造及对老街的保护性开发，重点打造占地面积约 38000 平方米的练市粮仓文化街区，改造修缮部分总建筑面积 57712 平方米，拆建部分建筑面积 26534 平方米；市政工程包含道路改造及新建、给排水管网改造、路灯照明新建、道路标志标线、桥梁修缮及石材挂壁修饰、现状河道驳岸修缮及新建等市政配套设施；景观改造工程主要为练溪两岸滨河商业街、古镇公园、民宿、市南塘及观音塘北岸滨河绿地，景观改造总面积 73336 平方米。通过改造，将整个区块打造成为展示城市底蕴、感受文化魅力、陶冶人文情操的大运河历史文化街区。

练市镇大运河文化街区项目围绕圆形粮仓这一独特的历史文化遗产景观进行打造，通过对粮站老房屋的改造利用，按照"修旧如旧"的原则，委托中国美院进行整体外立面改造，最大限度体现建筑的历史原真性和可读性。并委托具有文物修缮资质的单位对 10 个圆形粮仓筒进行保护性修缮利用，按照一仓一景一展

示的形式，将展览展示休闲娱乐和体验式教学融为一体，将这些珍贵的历史文物赋予新时代使命，进行更好地活化利用。

练市粮站文化街区

练市镇大运河文化街区项目在建设过程中主要做法有以下几点。

第一，明确功能，合理规划。练市镇大运河文化街区项目围绕做强运河文化、非遗传承、文明实践三大核心功能，计划打造六大功能区，即展览展示区、休闲阅读区、文体活动区、商贸配套区、综合服务区和民宿住宅区。展览展示区重点是按照还原练市随大运河而兴起的城市面貌、居住环境和生活习俗，打造小城记忆馆，占地面积约为 800 平方米，展示内容为良（音同粮）居、良景、良风和良品。休闲阅读区重点打造占地面积约为 700 平方米，集城市书房、会议沙龙、共享空间、理论宣讲、亲子教育、健康互动、休闲服务等功能为一体的练市小城书房，拥有图书近 2 万册。文体活动区主要是在文化街区内约 5000 平方米的空间内，布展相关文创打卡点并定期开展系列文体活动，进一步提高街区人气。商贸配套区包含原粮仓地块近 5000 平方米、原茧站地块约 3000 平方米和市河两岸民宅区域，主要是配套集教育培训、餐饮服务、文创产品、健身娱乐等功能于一体的综合体。综合服务区主要是将练市综合文化站搬至粮仓文化街区，承担非遗展示、教育培训、文体活动、志愿帮扶等功能。新的综合文化站建筑面积约为 600 平方米，一楼为城市会客厅、非遗展示厅、志愿者驿站，二楼为多功能舞蹈室、共享直播间，三楼为书画长廊、练溪讲堂。民宿住宅区主要是盘活利用独具原始建筑特色的 10 个粮仓筒和茧站建筑，打造特色创意民宿区。

练市粮站文化街区

　　第二，创新运营模式，实现优化配置。街区按照政府主导收购改建、市场主导运营维护的模式，创造性地采用"遗产活化＋生态构建"模式，让文化街区"活"起来。在保留圆形粮仓历史文化遗产景观的基础上，对茧站、老街、古桥等粮仓周边建筑物和桥梁进行修缮改造提升，并通过打造六大功能区，构建起"商、旅、产、居、住"等多项功能有序衔接的街区生态，增强其内生属性，促进街区的健康发展。街区实现了"物质文化遗产"＋"非物质文化遗产"＋"市民休闲文旅"三者的有机兼容，"遗产活化＋生态构建"模式起到了一举多得的成效，有效整合有限资源，同时确保了运河文化遗产保护的可持续性。

　　第三，坚持以人为本，提升生活品质。练市镇在实际工作中，以"人"为核心进行非物质文化遗产的保护、展示与学习，形成了较为完善的自我输血运营机制，借助国家政策和积累的社会影响力不断壮大，形成以非遗传承人为中心，以非遗文化为线索，以"共享直播间"为平台，将非遗保护、展示、传播等融合发展。物质文化遗产的保护，强调保护的物质文化遗产要为"人"服务，保护文化遗产不能以牺牲当地人民的利益为代价，按照"修旧如旧"原则，尽最大可能减少对原生环境造成过多影响。练市镇大运河文化街区的一系列改造，不仅大大美化了居民的生活环境，丰富了居民的休闲文化生活，也通过对历史文化的深度挖掘及对物质和非物质文化遗产的保护开发，成为宜居、宜游、宜赏的历史文化旅游街区。

由此，总结练市镇大运河文化街区项目建设经验，有以下几点值得借鉴。

第一，发动公众参与。公众的参与是做好运河遗产保护、管理的重要条件。练市镇运河遗产保护与管理一直得到社会各方面的广泛支持和参与：练市镇运河流域有业余文保员 41 人，河道保洁员 120 人。业余文保员队伍通常是由运河沿线居民组成，主要负责运河沿线文物和古建筑的安全；河道保洁员则由运河沿线村民充任，主要负责清理河面和河岸的垃圾，保持运河水体清洁，实现了公众对运河遗产资源保护管理的直接参与。

第二，讲好运河故事。在挖掘、整理、保护的基础上，利用好运河历史、运河品牌、运河记忆、运河符号、运河故事，把文化符号科学地嵌入到有市场的产业中去，发展运河文化产业或产业的文化化，探索"运河文化 +"模式的可行性及其途径，以此吸引各类市场要素、聚合多种发展力量。练市镇主要通过挖掘未发现的、梳理现存的、征集民间的、利用活态的、创新现代的，全方位深化运河文化的内涵，拓宽运河文化的空间。练市镇大运河文化街区项目建设过程中，积极整合练市粮站、茧站、练市老街、历史古桥等物质文化遗产，结合练市船拳、舞龙舞狮等非物质文化遗产，再加上练市本地广为流传的"乡绅大侠"等民间故事讲好练市镇本地的运河故事。

第三，用好市场力量。坚持保护与开发利用两条腿走路、相互促进，练市镇大运河文化街区项目以市场化、公司化推进运河文化带建设，形成镇政府与湖州临杭城镇化建设集团有限公司协同，集团内部投资（筹资与资产运作）、开发（拆迁整理）、产业（旅游养生休闲文化创意）和金融（资本运作）四位一体格局。

浙江省：划分运河园区域，展现绍兴水乡魅力

2002—2003 年绍兴市开展对浙东运河进行全面水环境整治。东起绍兴西郭立交桥西至越城区、柯桥区交界段的"运河园"作为其中一期工程始建于 2002 年，2003 年基本建成。长 4.5 千米，面积约 25 万平方米，总投资 6000 余万元。运河园在浙东运河的核心节点上，又是唐诗之路的交汇点，是中国大运河的保护示范工程。2006 年年底，运河园工程获中国风景园林学会优秀园林古建工程金奖；2007 年 8 月，又被水利部评为国家水利风景区。陈桥驿先生称运河园为"宏伟真实的纪念园林""国际水利园林中的一绝"。另外，浙东运河能列入大运河申遗范围并取得成功，"运河园"保护和建设示范作用显著。2013 年，"中国大运河水利遗产保护与利用战略论坛"在绍兴举行，这也是对绍兴运河文化的保护与传承成绩的充分肯定。

运河园由六个区域组成，在旅游带建设中发挥着不同功能的同时又相互作用，向游客充分彰显着水乡的独特魅力。

第一，"运河纪事"——记载历史文化。集中展示古运河历史变迁，这里有"运河纪事"牌坊、运河治水图、"山阴故水道""贺循疏凿""孟简开塘""民间捐修"等，展示历史上古运河治理的主要事件；有《运河典故图》，记载着古运河沿岸著名的历史故事；有《运河诗赋图》"唐诗之路""十朋颂赋""放翁夜渡"等，记述了古运河诗歌艺术和创作内容；还有《名人游踪图》《运河酒乡图》《治水名言》、贺循塑像、"漕魂"刻石、古避塘和古纤道、古华表、古石池等。这个区域是浙东古运河历史、文化的浓缩。

第二，"沿河风情"——集聚水乡风物。运河园建设是现代首次对散落于民间的古旧精品老石材搜集整合使用，仅老条石、老石板就分别有 2 万余米和 5 万

余平方米，恰当布置于园景之中，显示了不可复制的古典美。清代牌坊群、老石台门、明代绍兴三江闸缔造者太守汤绍恩手书的"南渡世家"横额，都可谓越中之宝。"老祠堂"有祠堂碑、义田碑、进士旗杆石、祠联等遗存。古"钟灵毓秀"、光绪皇帝"乐善好施"石刻横额，及范仲淹后裔祠堂石柱刻石遗存数十支，汉大儒孔安国所撰的报本堂碑记等，尤为珍稀。"玉山斗门遗存"，系汉唐越中水利、最早的三江口门大闸遗迹，是绍兴目前发现的最古老、最大的水利工程遗存。这些可谓是运河沿岸风俗民情的精华。

第三，"古桥遗存"——展示桥乡精品。集中汇聚绍兴水乡的石桥风貌，整桥移建15座，如登龙桥、承福桥、永福桥、大顺桥、方齐桥等，或圆或方，形态各异，把现代建设中废弃的石桥、古亭集中迁建；组合古桥12座，如鉴桥、清远桥、纤道桥、景福桥，将古石桥构件用传统石作工艺组合；众多部件展示，有古桥代表性残存石构数百件。

第四，"浪桨风帆"——再现千艘万舻。由风帆组船、蓬莱水驿、长风亭、水天一色阁等组成，重现古越水运繁盛的景象。王城西桥，以千古名寺得名，是为宁绍平原第一高拱石桥。桥头广场置清代"双龙戏珠"照壁和"钟灵毓秀"刻石，配有"继志亭"古桥亭，古朴雄浑，精美绝伦。

第五，"唐诗始路"——笑看挥手千里。古石上刻诸多唐代著名诗句，其中巨石"挥手石"，刻李白乘舟运河有感而发"挥手杭越间"诗句。

第六，"缘木古渡"——难忘前师之鉴。以宋高宗于此避战乱之难的故事为主题设置。主要布置碑亭、鉴桥、连廊、古树等。"水吟石廊"，全长450米，由数百支古旧石柱建成。

总体而言，绍兴水利建设者依靠对文化的热爱和文化自觉，确定"运河园"建设主题为"传承古越文脉，展示水乡风情"；在工程定位上要求高品位设计、高质量施工、高标准布展，做成精品工程。整个运河园以古朴、自然、流畅、简洁、明快的风格，形成"物我融合"的境界、超越时空的美感，营造了水天一色、白玉长堤、绿色长廊的意境。

此外，2019年，绍兴市认真贯彻"不搞大开发，实施大保护"，和"创造性转化，创新性发展"的思路要求，整合资源，决策在"运河园"区域建"浙东运河文化园（浙东运河博物馆）"。项目分文博、文创、文旅三大功能区域，建设运河博物馆主馆、运河博物馆副馆（淡水鱼水族馆）、国际垂钓竞技中心、文商旅区、公园等，总建筑面积约 12.4 万平方米，总投资概算约 15 亿元，目标是建设融文博、文创、文旅于一体的城市公园功能的博物园。工程于 2020 年 3 月 1 日开工，2021 年开馆；文商旅区 2022 年完工。设计确定浙东运河博物馆共 6 个展厅：序厅（伟大工程、宝贵遗产——中国大运河与浙东运河）、展厅一（沧海桑田、地平天成）、展厅二（千古名河、水运伟绩）、展厅三（富兴百业、海内巨邑）、展厅四（人文荟萃、各领风骚）、展厅五（承前启后、璀璨前程），将打造成为浙东运河的文化高地。一部浙东运河宏伟史诗，一篇越地文化璀璨华章，一幅宁绍山水画图将在浙东运河文化园绘就。

结合浙江省绍兴市浙东运河文化园建设经验，有以下两点值得借鉴。

第一，文化遗产保护得以加强。运河沿岸众多的石塘、路、桥、亭、寺是运河的主体组成部分，文物价值很高，是文献之外能传达时代政治、经济、民俗、宗教信仰的重要载体。因此，在运河整治中要高度重视对这些文化遗存和景观的保护。将旧村改造中拆迁出来的老石板、老条石，以及被拆除老石亭、古桥、古文化遗存等构件收集起来，把它们恰当用于园景之中，彰显特色。同时，加强古运河治理，全线疏浚，拓宽河道，实施水面保洁，落实长效管理机制，做到日常河道无漂浮物，及时清除河道设障。

第二，深度挖掘运河文化内涵。大运河旅游带建设不是简单地对古运河的恢复和再现，它发掘文化，展示历史和风情，弘扬人民的治水精神和理念，光大古越优秀、崇高的水文化，纪念历代有功于古运河治理的地方官员和民众。在运河园建设过程中，将水文化、历史文化、名人文化，与自然生态和运河文化较好地融合在一起，并组织对建设过程、文化内容、特色、主要经验进行梳理整合，以图文并茂形式编辑出版《浙东运河——绍兴运河园》等，除了介绍、传播运河文化，更是鞭策、敦促民众不要忘记身边的珍贵历史文化遗产，弘扬运河水文化。

浙江省：从遇见到打动，传播运河文化的全新表达

《遇见大运河》是在中国大运河于2014年被列入《世界遗产名录》之际应运而生的，展现了京杭大运河开凿、繁荣、被遗忘和被保护发掘的过程。作为国内首部文化遗产传播舞蹈剧，《遇见大运河》也是一部艺术创新之作，汲取了现代派作品的表现元素，在舞蹈语汇中注入了行为艺术与戏剧艺术的表现手法，将传统与现代相结合、历史与未来相结合、自尊与大爱相结合。它不仅展现了大运河的历史风貌，而且强烈地表达了对真实、完整的文化遗产现实命运的思考和判断。它不仅是一次宏大的文化遗产传播行动，更是对中国大运河文化遗产价值的一次综合提取、展现与全新表达。2014年5月，历经三年零九个月的创排，《遇见大运河》首次在杭州与观众见面。截至2019年1月，《遇见大运河》已经成功出访法国米迪运河、德国基尔运河、埃及苏伊士运河、希腊科林斯运河、美国伊利运河、巴拿马运河、俄罗斯莫斯科运河、瑞典约塔运河等世界运河，世界巡演160场，行程20万千米，超过16万名观众观看了演出。演出以高超的艺术水准、丰富的传播交流活动和强势媒体传播，在各地引起强烈反响。

《遇见大运河》主创者设计了两条贯穿全剧的线索：一条是寻踪大运河历史文明脚步的艺术家；一条是以"开凿、繁荣、遗忘、又见运河"为脉络的运河兴衰史。剧中男主角是一位创作《遇见大运河》的艺术家，他代表着现在的我们；女主角是一滴水，她代表着千年的运河历史。这一滴水汇聚成运河，带着我们看到了运河两岸经济、政治、文化的兴衰枯荣。男女主角相知、相爱、相恋的过程，生动隐喻了人与自然、当今社会与文化遗产保护之间相互依存的关系。

《遇见大运河》导演崔巍表示，大运河本身就是一部百科全书，我们想试试

看一个舞台艺术是否也能成为社会纽带的百科全书。如果一味轻歌曼舞，那就是孤芳自赏。好作品应该与百姓同生，社会需要文化精品，这就需要我们潜心创作，用精品来回馈社会，这也是一个文艺院团应该做的。《遇见大运河》的创作历时三年，三年里，创作团队不断地深入生活、去各地采风。每到一座运河城市，创作团队都会结合当地特色，融入当地文化历史，进行创作编排。所以在运河沿线城市巡演过程中，创作团队带着演员们走进当地，来到开凿运河第一锹土的扬州古邗沟；感受康熙六次下江南，驻跸的天宁寺；探寻了古人行舟背纤的绍兴古纤道、历史文化悠久的南浔古镇及曾被誉为天下第一粮仓的洛阳含嘉仓；走过我国最早的立交桥八字桥。舞蹈剧《遇见大运河》是来自不同地域、不同文化观念的艺术家和文化遗产保护工作者，向人类文明的共同致敬之作。它不仅展现了大运河的历史风貌，而且强烈地表达了对真实、完整的文化遗产现实命运的思考和判断，即文化遗产价值就在于人与自然共同完成的杰作。

《遇见大运河》以一组寻踪大运河厚重历史的现代人，带着各自对大运河文化的不同理解和感受，去探寻运河文化的灵魂所在为引线，表达他们对大运河深深的爱与眷恋，同时以"开凿、繁荣、遗忘，又见运河"为主线来展现运河的主题及千年历史。让作品走进不同的城市，与当地人心相通、文化相通，是《遇见大运河》演出最有特色的地方，也是《遇见大运河》成为传承传播大运河文化经典作品的重要原因。

浙江省：因地制宜，赋予运河文化公园多重功能

杭州地处京杭大运河最南端，也是浙东运河的发端。大运河杭州段穿城而过，总长 110 余千米，包括 11 个遗产点段。大运河杭州段作为一处活态大型线性遗产，至今仍发挥交通航运、水利行洪、旅游景观等功能，是杭州的"城之命

脉"。为更好地保护、传承、利用大运河的历史文化资源，杭州市以符合当代审美的现代城市理念，对大运河（杭州段）沿线 11 处遗产点段、各级文物保护点、约 10 万平方米工业遗存做出科学评估，进行严格保护。

运河文化公园位于运河湾的南部核心，在京杭大运河东岸，石祥路以北，是京杭大运河在杭州城北的起点。项目用地面积 29684 平方米，总建筑面积 15194 平方米，其中地上建筑面积约 2449 平方米，地下建筑面积 12745 平方米。运河文化公园以"文化交流、音乐体验"为主题，在景观上主要通过观演展示体验区、铺装、主题雕塑等方式来体现。整体空间布局上，南面为绿化公园，北边布置游憩服务建筑，集音乐、艺术展演为一体，具有艺术展演、文化交流、聚会展览等多种功能。公园的建筑以运河漕运船为灵感，充分考虑原有造船厂等工业元素，并利用台阶、屋顶与场地互动，融为一体，为观赏运河沿岸景色提供绝佳平台。

公园中心结合地下室布置文化体验区，四周借助地形的抬升形成环形看台，散布活动小广场，通过打开滨河景观视线及营造观演场地等形式丰富交流空间。运河文化公园以月季花为主题，通过花廊花架、花池花海等方式打造月季满园的景象。另外，绿化配置上遵循"春花为主、秋叶为辅"的设计原则，为游客打造春天看花、秋季观叶、夏季遮阴、冬天沐光的四季有景的公园。

大运河国家文化公园杭州项目群 2020 年集中开工的项目共 16 个，包括 5 个重点文化标杆项目，分别是京杭大运河博物院、小河公园、大运河杭钢工业旧址综保项目、大城北中央景观大道、大运河滨水公共空间，将在保留历史元素的基础上实行保护和改造，以千年运河历史、百年工业遗存为内涵，力求在保护好、传承好、利用好大运河这一祖先留给我们的宝贵遗产的同时，为市民和游客创造更丰富多彩的文化生活空间。按照"生态优先，文化先导，产业主导，市场运作"的保护与开发理念，"活态传承千年运河文脉，人性化营造山水自然生态景观，让大运河杭州段真正成为'人民的运河，游客的运河'"。在项目建设过程中，将引导数字经济等知识密集型高端产业培育与发展，促进产城融合，营建一个具有未来感的城市空间。

该项目有以下经验值得借鉴。

首先，坚持一张蓝图绘到底。明确建设目标，重点把大运河浙江段打造成水乡文化经典呈现区、运河文化精品展示带和水生态文化精彩示范带。

其次，坚持系统思维和科学思维。根据《杭州市大运河文化保护传承利用实施规划》和《杭州市大运河国家文化公园建设方案》的要求，系统谋划和梳理"园""馆""址""岸""遗""段""品""神"等大运河国家文化公园建设八大类60余个标志性项目。

最后，突出多功能协同构建文化综合空间。以符合当代生产、生活需求理念，导入公园绿地、游艇码头、旅游休闲、TOD综合体、博物院和剧院等对标世界一流，打造构建全新的、与时代一脉相承的城市空间与文化生态。

山东省：科学开发，演绎南阳古镇烟火气

南阳古镇，隶属于山东省济宁市微山县，位于北方最大的淡水湖——微山湖（也称南四湖）北部的南阳湖中，距今约2200年的历史。元至顺二年（1331年）建南阳闸，南阳逐渐发展成为大运河上知名的商埠码头。明隆庆元年（1567年），自夏镇至南阳的漕运新渠竣工通航，南阳漕船千艘，商贾云集，更加繁荣，被誉为"二济宁州""江北小苏州"，与江苏省的镇江、扬州及微山县的夏镇并称为"古运河四大名镇"。南阳镇总面积110平方千米，其中镇驻地主岛面积4.5平方千米，至今保留着明清时期的空间格局，古运河穿镇而过，古老的休闲街区，青青的石板路，街道两旁的商业用房，前街后河、前商后居的建筑格局独具特色，曾建有皇帝下榻处、杰阁跨河、长桥卧波等"南阳十六景"。

南阳古镇商业老街

2008 年，南阳古镇旅游综合开发正式启动，陆续实施了运河景观廊道、旅游码头、古街、南阳闸等一批重点项目，南阳运河古镇重现昔日风采。南阳古镇主岛上有居民 1.5 万人，保留着古镇原有的肌理与生产生活方式，南阳镇人民政府是南阳镇行政区划管理方，负责古镇的行政管理；南阳古镇旅游管理服务中心为南阳古镇旅游行业管理部门，主要负责旅游产业促进与旅游资源开发；国有旅游企业——微山湖旅游发展集团为古镇旅游的运营单位。微山湖旅游发展集团成立了鸿舟旅游公司负责景区的水上交通客运，也负责景区景点的日常管理。

南阳古镇空间设计方面，在坚持原真性、特色性、生态性、文化性和可操作性原则的基础上，将南阳古镇的功能结构概括为"一环两轴、三团五片区"组团式城镇布局结构。"一环"即连接南阳镇区内的中心区和东、西、南三个庄台的景观环岛路；"两轴"指的是位于古镇中部运河沿线的古运河旅游观光轴和贯穿老镇区内部的商业街区、旅游服务中心和南店子地区的公共服务发展轴；"三团"分别为东、西、南三个庄台，用作为了缓解古镇中心区人口的居住压力而开辟的三个以居住生活功能为主的组团；"五片区"分别是传统商业街区、旅游综合服务区、南店子滨水休闲区、邢庄水上休闲运动区和东庄台码头综合服务区。2020 年 8 月，枣菏高速微山湖特大桥建成通车，改变了南阳古镇的发展格局，随着高速出口配套服务区项目的建设，南阳古镇北部将成为古镇发展的重要节点。

作为古运河畔的名镇，南阳镇既保留了大运河融南会北的文化风情，也有着独特的渔家、水乡特色，古老的渔猎习俗保留至今，通过开放式景区的形式将运河文化进行全方位展示。通过建设胡记钱庄、南阳大戏台、皇帝下榻处、康熙御宴房、漕运客栈、龙王庙、湖中运道等项目，全面展现了明清鼎盛时期的南阳盛景，让古老、尘封的古镇文化有了烟火气，游客能够真正在游览中体验到古镇的文化气息和生活脉搏，在古老的街巷中、浩渺的大湖里，领略着渔民原汁原味的生活与古镇千百年的文化底蕴，把古镇建设成为活化、动态的运河文化博物馆。

南阳古镇积极探索运营合作新模式，2020 年，为加快推进南阳古镇产业发展，微山湖旅游发展集团与济宁市孔子文旅集团合作，共同注资成立了南四湖文旅产业发展有限公司，由该公司负责南阳古镇的整体开发、招商引资、客源市场营销及景区运营管理工作；与浙江乌镇旅游集团公司签约了南阳古镇旅游目的地综合开发项目合作协议，项目计划投资 30 亿元。同时，南阳古镇将采取更加包容开放的姿态，积极招引国内外餐饮、住宿、演艺、购物等多种业态品牌机构的进驻，在不改变古镇整体风貌、能够与古镇和谐共生的原则下，把古镇的非物质文化遗产转化成为体现时代特色、符合大众消费的文创产品与文化服务，既实现了古镇文化的保护与传承，也实现了文化旅游资源的高效利用。

南阳古镇依托秀美的自然风光、悠久的历史文化及完善的产业格局，2009 年被评为山东省旅游强乡镇，2014 年被列为第六批中国历史文化名镇，2015 年被评为第三批全国特色景观旅游名镇。此外，南阳古镇将渔民的生产生活与旅游产业的总体布局有机结合，发展产业与保障渔民生活并行不悖，游客体验空间与居民生产空间相容，没有失掉古镇的原真性，让广大群众积极投身到旅游产业发展中去，让广大游客能够真正体验到原汁原味的古镇特色文化。

夫子文化园放鱼节

在古镇的开发建设过程中，始终严格遵循古镇保护与发展规划，坚持保护第一、生态优先、突出文化的原则，南阳古镇大戏台、康熙御宴房等都使用了原来的建筑材料，在对清真寺、堂房等古建筑修复时，坚持修旧如旧、原址修复的原则，让古镇的古味、原真得以保存。

从南阳古镇开发和建设经验来看，打造文旅项目应注意以下几方面：首先，南阳古镇的发展离不开居民的广泛参与。南阳古镇历史久远，与现代生活已经有了距离，要让广大游客体验到真切的古镇文化，必须从地方居民的生产生活中去感受，只有居民能够将古镇的历史传承下去。其次，古老的文化必须通过策划活化起来。文化是静止的，古老的文化更是如此，若要将文化展示出来，深入人心，必须通过策划，将文化通过艺术、科技等多种手段，以体验性项目的形式将文化活化起来。最后，古镇的保护必须通过开发进行保障。文化保护是第一位的，但是一味地保护无法实现文化的传承与利用，只有通过科学的保护与开发，将非物质文化转化为文化旅游产品，才能真正实现文化的价值。

河南省：永城构建多位一体格局，丰富运河旅游体验

　　永城市夫子文化园项目始建于 2016 年，选址于条河镇南部的王山村，东临鱼山碱河、西邻省道 201、南邻郑徐高铁永城北站、北距政府驻地 2.5 千米，总占地面积 366669 平方米，项目计划总投资 10 亿元，建设用地面积 200001 平方米，项目已完成投资 2.5 亿元，建设了夫子民宿住宅楼、夫子商业街、夫子文化主题酒店、夫子学堂树人学校等主要建筑，打造了大型音乐喷泉、网红桥、七彩滑道、过山车、卡丁车、游乐园、梦幻丛林、千亩花海等游乐体验项目及艺术展馆等配套设施。

永城夫子文化园

　　夫子文化园总体定位遵循"景区 + 镇区 + 度假区"三区合一的发展理念，依托芒砀山 5A 级景区的夫子山景区，以孔子文化 IP 为核心的儒家文化为主题，构

建集旅游集散、文化博览、情景体验、游憩观光、科普研学、户外探险、休闲度假、商务会所等多功能于一体的孔子文化沉浸式休闲旅游景区。此外，还打造中国传统文化研学体验基地，如国学馆、射箭馆、汉服体验馆、人生十礼体验馆、书画馆、陶瓷体验、丝绸体验、农耕体验、钻木取火、渔猎体验等展演体验项目，让古代文明和传统文化得到更好的传承。

夫子文化园在内容呈现上，主题鲜明、内容丰富。一是围绕孔子周游列国开展文化演绎，将孔子儒学思想贯穿其中，传播受众，让游客身临其境般感受到历代先师的教育。二是围绕传统文化建设独具特色的国学馆、射箭馆、汉服体验馆、人生十礼体验馆、书画馆、陶瓷体验、丝绸体验、农耕体验、钻木取火、渔猎体验等展演体验馆，让游客在这里充分体验中国古代文明。三是挖掘鱼山深厚的历史文化资源。鱼山上有野猫洞、钓鱼台、饮马泉等名胜，西汉蒋诩"三径就荒"隐居鱼山，利用自然山体如同"睡美人"的架构形式，以纤纤玉手为支撑点，建设一座凌空而起气势恢宏的"如意桥"，让游客们站在古虞国制高点上旅游观光，追古思今，领略美好风光，享受美好人生。

另外，在设计建设上，采用现代最新科技手段，将高科技的特技演艺效果穿插到现实剧情之中，使游客置身其中，感受神奇、震撼的艺术效果。

永城市夫子文化园建设有以下经验。

首先，依据当地情况选择适合大众游玩而周边较为短缺的项目建设。永城市夫子文化园项目自建设以来，先后建设了夫子民宿住宅楼、夫子商业街、夫子文化主题酒店、夫子学堂树人学校等主要建筑，打造了大型音乐喷泉、网红桥、七彩滑道、过山车、卡丁车、游乐园、梦幻丛林、千亩花海等游乐体验项目及艺术展馆等，逐步吸引周边居民及四方游客前来观光体验，丰富了当地村民的娱乐生活，特别是园区亮化以来，前来观光游玩的人们更是络绎不绝，弥补了芒砀山旅游区无夜游的短板。

其次，深入挖掘当地历史文化资源，并努力做到开阔视野，穿古越今，古今结合，以此来提升文化效益，传扬历史文化，增加民族凝聚力。正如永城市夫子文化园坚持"多位一体"发展格局不但通过项目建设不断丰富旅游体验，还打造具有教育意义的文化演艺项目，演艺具有独创性、真实性、游客参与体验性，使游客体验一次，终生难忘。

最后，以点带面，充分发挥大运河旅游带建设中每个项目的带动作用，不断创造旅游发展新增长极。例如，在夫子文化园建设中，主要空间设计以孔子圣迹园和鱼山如意桥为两大主线建设规划，充分发挥夫子文化园对永城市旅游业的综合带动作用，以及对芒砀山景区的配套服务功能，进一步实现区域旅游协作，推动永城市旅游业的高质量协调发展。

河南省：深挖文化资源，释放洛邑古城新动能

洛阳市洛邑古城项目，位于河南省洛阳市老城区成功街以西、四眼井以东、南护城河以北、柳林街以南，园区占地面积约 70 亩，建筑面积为 48000 平方米，总投资约 7 亿元，于 2017 年 4 月建成开园，由洛阳中渡科技有限公司管理运营，是在隋唐大运河洛阳段建设的集文化、旅游、商业、休闲和居住为一体，以非遗文化传承为核心，以深厚历史底蕴为依托的综合性人文旅游观光区。

洛邑古城内新潭遗址即 701 年武则天下令营建的隋唐大运河在洛阳的重要码头——新潭，见证了大运河上"漕船往来，千里不绝"的盛景。园区在建设中以新潭、护城河水系为纽带，以文峰塔、文庙、妥灵宫、四眼井号等保护遗址为节点，以让老建筑与新建筑不被割裂作为整体目标，将千年古城的风采集中展现，既体现洛邑古城传统文化底蕴又不失现代气息，因此洛邑古城又有"中原渡口"的美誉。

新潭遗址

　　洛邑古城在发展过程中积极挖掘历史文化资源，在大运河旅游带建设中充分发挥历史遗迹和非物质文化遗产的重要作用。

　　一方面，古迹与遗存成为洛邑古城发展的文化富矿。洛邑古城位于洛阳多个历史时期城址叠加的区域，是洛阳文化传承至今的重要文化空间，整个园区以洛阳各历史时期建筑风格为主基调。园区内，文峰塔屹立千年，金元古城墙犹可追寻，府文庙、四眼井、新潭遗址等历史遗迹星罗棋布，不仅保留了原有的城池格局和框架结构，还留下众多文物古迹及历史遗存，分布有河南府城隍庙、安国寺，以及钟鼓楼、妥灵宫、董家大院等在内的各级文物保护单位及不可移动文物点32处，历史建筑100余处。整个园区一步一景、人文气息浓厚，聚集了以河洛文化为核心的，涉及传统音乐、传统美术、手工艺、传统医药、曲艺民俗等非物质文化遗产项目200余项。

文峰塔

此外，文峰塔等遗址的保护性开发成为古城发展的亮点。文峰塔是古城的"华表"，始建于北宋，明末毁于战火，清初重建，是洛阳地区现存为数不多且保存完好的古塔之一，古人建造此塔有企盼洛阳文化繁荣、多出人才之意。同时，文峰塔作为洛阳古城的制高点，古时若遇战争，居高临下，便于守城。经过近年来的提升打造，夜间的文峰塔以优美的灯光亮化表演为主题，为整个园区营造了优美温馨的夜景，给广大游客提供了精彩的视觉体验，成为洛阳新晋文旅打卡地。

另一方面，洛邑古城还是一座集聚非遗的文化之城，拥有代表了唐代陶瓷艺术的最高成就的唐白瓷，迄今已有 2000 多年历史的汝阳刘毛笔，始于明、盛于清历经 400 多年文化洗礼的秦氏绢艺，还有唐三彩、河洛大鼓、泥咕咕、孔家钧窑、孟津剪纸等国家、省、市级非物质文化遗产百余项。

同时，洛邑古城以非遗文化为核心内容，组建了"非遗文化科技企业孵化器"项目，对入驻非遗项目传承人和企业单位采取"免房租入驻、提供装修、联营扣点（共同经营，按比例收取营业额）"及水电费减免等优惠政策，取得丰硕孵化成果，积极吸纳各地优秀非遗项目 200 余项。2019 年累计减免 241.52 万元，吸纳就业 1475 人（次），实现营业收入 5950 万元，获得各类知识产权 31 个、备案科技型中小企业 15 家。其已成为河南省规模最大、产业化最集中的非遗文化产业精品园区。

此外，洛邑古城开发以非遗助力为导向，积极鼓励园区传承人开展助贫、助残事业。“三彩釉画烧制技艺”传承人郭爱和，在国家级贫困县洛宁县建设“爱和非遗小镇”，举办“当日艺术展”，搭建艺术家助力中小学生美育桥梁；“孟津剪纸”传承人畅杨杨，2018 年参加外交部、河南省政府“与世界携手，让河南出彩”全球推介活动，向外国驻华大使及国内外媒体嘉宾创作剪纸，2019 年参加中共中央对外联络部、中共河南省委主办的“中国共产党的故事——习近平新时代中国特色社会主义思想在河南的实践之乡村振兴”宣介会；“皮雕”传承人周伟，5 年来设立“洛阳市残疾人皮雕创业孵化基地”，开展非遗助残培训班 10 期，培训 125 人，实现 26 人创业，75 人就业。

2020 年 3 月，为加快疫情过后的文旅复苏，帮助非遗项目抱团取暖，通过“非遗匠心在洛邑”“非遗购物节”“国风抖洛邑”“古都夜八点”等活动直播引流。2020 年 5—6 月，洛邑古城直播间 4 场快手“县长直播带货”累计在线观看人数 3230 万人，成交金额 448 万元，销售栾川槲包、小磨香油、汝阳麻花等非遗衍生品。

洛邑古城建设经验有以下几个方面。

首先，注重特色古迹的保护性开发，推动古迹彰显新的时代价值，珍贵的人文古迹及文化遗存对研究大运河历史文化特色、传统民俗风情、历史迁延进程起到了重要的参考作用，具有突出的历史文化价值。

其次，深入挖掘当地非遗资源，增加项目业态的互动性与参与性，通过全新的传播形式为非遗提供了展示平台，既是非遗传承创新的积极尝试，又为非遗传承人带来一定的经济效益。例如，洛邑古城利用自身良好的文化基础与丰厚的自然、人文资源，开展非遗研学、销售等活动。2019 年，洛邑古城研学旅行基地共接待研学活动 121 批次，开展研学活动 130 余场。开发形成“感知非遗，传承经典”“传统中国礼”“探索河洛文明，寻找文化之根”的非遗体验、传统礼仪和历史文化课程共三大类 28 项产品；为加快疫情过后的文旅复苏，帮助非遗项目抱团取暖，通过“非遗匠心在洛邑”“非遗购物节”“国风抖洛邑”“古都夜八点”

等活动直播引流。

最后，推进文化资源产业化，并打造集中的文化旅游目的地，同时借助直播、电商、短视频等新业态不断提升文化影响力、吸引力，为经济发展助力。正如洛邑古城以非遗弘扬为支撑，邀请"唐三彩烧制技艺"国家级代表性传承人高水旺等大批园区传承人，开设《三彩印象》《中国剪纸艺术》等"非遗公开课"。三年来共开课近 60 场，受益群众 7300 余人。打造了"皮画""牡丹香舍"等非遗网红店铺，实现一批青年非遗网红火热出圈。

河南省：产业协同，打造永城"城市会客厅"

永城是隋唐大运河南片区重要节点城市。在大运河故道沿线，遗存有河堤、码头、桥梁、沉船、水工设施等遗址遗迹，见证了大运河从开凿、发展到繁荣的历史进程，具有重要的历史文化价值。

永城市日月湖景区位于东、西城区和产业集聚区之间，总规划面积 24 平方千米，于 2009 年 12 月开工建设，聚焦运河文化主题，系统规划了水系、游线、景观带，按照 5A 级景区标准建设旅游基础设施和公共服务设施，进一步拓展体验性、互动性的特色文化增值服务，打造具备运河文化体验、运河景观保护、运河生态休闲、运河水上娱乐、运河乡村度假等功能为一体的文旅融合旅游带。

日月湖大运河广场中轴线景观

日月湖大运河文化广场是日月湖景区的核心，作为永城市传承大运河文化对外展示、交流的窗口，以"日月交融、蝶舞永城"为主题，运用几何式与自然式相结合的设计手法，涵盖永城大运河文化、中国古典园林等要素，"艺术与自然、传统与现代"在此相互交融，是永城未来发展的城市新名片。

在空间设计层面，日月湖大运河广场俯瞰形似一个翩翩起舞的蝴蝶，寓意蝶舞永城，多彩多姿，共有中轴线形象展示区、艺术游赏区、田园风光区、5个特色水岛区4个功能分区，包括盎然情趣、水木明瑟、缕月云开、花田融春、碧海拾珍、田园人家、古树落影、碧草芳香、堤岸烟柳、濯缨水阁、五穗印月、花海逐梦12个特色景观。

日月湖大运河广场不同区域有着不同的功能定位。广场中轴线是整个广场的形象展示区，广场以环形的平面形式融入日月要素，植物组团式种植，中轴草坪结合色彩斑斓的绿篱色带，营造出亮丽明快的氛围，南侧的日月雕塑作为视觉焦点引导游人浏览。广场西侧区域是艺术游赏区，属于活力艺术体验游，使游客感受自然艺术魅力，拥有积极、健康的活力生活体验。主要活动包括艺术表演、体育运动、活力健身、儿童游乐、滨水休闲、花海摄影等。广场东侧区域是田园风光区，属于乡土风情体验游，使游客在这里回归大自然、放松自我，感受到生态、有机、健康、乡土的乐活体验。主要活动包括乡土美食、田园劳作、民居体验、乡野露宿、休憩品茗、花海摄影、休闲垂钓、慢跑健身等。广场南侧5个鑫穗岛，建设有室内剧场、大运河博物馆、露天皇冠剧场、诗风岛、尚书岛、易经岛、春秋岛等，作为搭建大运河传统文化的传播平台。

日月湖大运河文化广场采用市场化运作模式，利用南部 5 个岛上的博物馆、室内剧场等，进行大运河文化的宣传、展示，并开展大运河文化艺术演艺等活动，公益性和收费性体验项目相结合；通过招商引资，在岛上建设大运河文化教育培训基地，使游客能够真正参与感受到大运河文化，实现文化的自觉传承；利用广场的空间和设施，在节假日经常性举办大运河文化主题活动，让文化传承逐渐深入人心。

日月湖景区项目建设经验有以下几个方面。

首先，大力推动景观绿化工程，做好绿化环境提升工作，按照"严格保护、科学规划、统一管理、永续利用"的 16 六字方针，打造三季有花、四季有景的"城市会客厅"。

其次，实行精细化管理，确保景区设施设备完好，旅游秩序安全，给游客营造干净舒心的游览环境，维护景区安全有序运营；把建立和健全各项规章制度，建立良好的运作模式和操作流程作为工作重点。

最后，明确目标，层层落实责任。强化检查督促，严明奖罚机制。示范区党委、管委会将景区 4A 创建工作列入各相关单位年度目标管理作为考核的重要内容。促进相关部门充分履行部门职能，做到各司其职，各负其责，分工协作，相互配合。

附录 国际运河文化旅游生态建设典型案例

威尼斯运河

威尼斯大运河是意大利威尼斯最重要的运河，也是威尼斯主要水上交通网络的一部分，长约3000米，宽30～90米，平均深度为5米，并在各个点处与较小的运河迷宫相连。由于整个城市大部分地区都禁止汽车通行，这些水路承载着威尼斯人的大部分交通。大运河呈S形，穿过威尼斯的市中心，一端通往位于圣塔露西亚车站附近的威尼斯潟湖，另一端在圣马可广场附近。大运河两旁都衬有罗马式、哥特式和文艺复兴风格的宫殿、教堂、酒店和其他公共建筑。

威尼斯运河与威尼斯紧密相依，作为其交通网络的一部分，保护发展与城市的建设融为一体。威尼斯是在452年兴建，8世纪成为亚得里亚海贸易中心，10世纪曾经建立城市共和国，15世纪为地中海最繁荣的贸易中心之一。新航路开通后，因欧洲商业中心渐移至大西洋沿岸而衰落。当地政府看到了旅游业作为"无烟工业"的诸多优越性，将旅游业作为主导型产业进行发展，坚持让其他任何可能对旅游业造成不利影响的产业为其让路。通过旅游业的引导，提升城市环境，从而树立了全球人居环境的最佳典范。此后，威尼斯政府实施了一系列改善城市面貌和城市环境的措施，包括城市中心人口的疏散。据1957年的资料统计，威尼斯水城常住人口为17.4万，而最新的统计显示只有6万人居住在面积不足7.8平方千米的古城区，而17.6万人住在大陆上的新城区，另有3.1万人住在潟湖区。威尼斯城在战略定位发展旅游业后，将岛上不从事旅游业的大部分居民搬迁到了大陆，这样威尼斯古城被定位为旅游功能区。

政策因素是促使威尼斯城市景观对多水环境进行适应的支持与保障。近年来，威尼斯面临着诸多生态问题，其中水面的上涨尤为紧迫。由于海平面上升和地基下陷，有"水城"之称的威尼斯自建城以来一直在缓慢下沉，市中心圣马可广场每年被水淹达60多次。经过反复论证与磋商，意大利政府启动了一项旨在抵御海潮侵袭、拯救威尼斯的"摩西工程"，计划用79块长30米、宽20米、厚5米、重约2万千克的钢筋混凝土墙，在威尼斯潟湖东部与亚得里亚海相连处建成数座长约1.2千米、可以升降的"浮动水坝"。平时钢筋混凝土墙沉入海底，这些活动水坝可以通过压缩空气泵控制竖起或者放平，并升出水面形成一道堤。同时，意识到与多水环境共存的重要性，威尼斯政府制定了一系列维持城市景观风貌、保护水体环境生态平衡，以及防治水灾水患的政策法规与条例，并开展众多相关项目工程，包括受损历史建筑与遗迹的修复工程、岛屿侵蚀与沉降的防治工程、防洪防患的水利工程等。

大运河的两岸拥有超过170栋建筑，其中大部分是13—18世纪的建筑，暴露出威尼斯共和国的繁华与艺术。其中比较知名的包括雷佐尼可宫、达里奥宫、金屋、巴巴里戈宫和佩姬·古根汉美术馆。大运河的附近也有一些教堂，包括著名的安康圣母教堂。威尼斯的交通路线大都沿着运河两岸，所以直到19世纪，只有里奥多桥这一座桥连接两岸。人们也可以在运河旁的渡船口来搭乘一种小型的贡多拉（也称为摆渡）来抵达对岸。威尼斯真正开展旅游业的古城区（威尼斯水城）面积为7.8平方千米。主城区（古城）由118个小岛组成，并以177条水道、401座桥梁连成一体，以舟相通，有"水上都市""百岛城""桥城"之称。

"水上都市"的构建促进了威尼斯运河旅游的发展。威尼斯作为世界著名的旅游目的地，也是全球"古城"加"水城"的杰出代表，被认为是全球范围内真正实现了全城旅游的城市。运河在每年9月的第1个星期日都会举行贡多拉船赛，这种竞赛每年都会吸引许多人到场观看。贡多拉船赛由一种传统列队所引导，这是纪念塞浦路斯女王在1489年将塞浦路斯王国卖给威尼斯。船手会穿着传统的服装来驾驭16世纪的船只，队伍最前方则是代表公爵的桨战船的礼舟。除此之外，威尼斯全年都有节日，这既是展现威尼斯水城最好的方式，也是展现运河之美、带来效益的重要方式。

除此之外，节庆活动的举办提升了威尼斯的影响力和知名度。威尼斯国际电影节（Venice International Film Festival），是每年8月至9月于意大利威尼斯利多岛所举办的国际电影节，它与法国的戛纳国际电影节及德国的柏林国际电影节并称为欧洲三大国际电影节（世界三大电影节），最高奖项是金狮奖。威尼斯电影节创办于 1932 年，是世界上历史最悠久的电影节，即世界上第一个国际电影节，号称"国际电影节之父"。在电影黄金年代（19 世纪 30—60 年代），威尼斯电影节是诸多电影大师的摇篮。

威尼斯运河的运营方式主要依靠于旅游业及其各类衍生产业所带来的收入。威尼斯运河两岸的纪念门票十分亲民，只要花很少的钱便能领略名胜风光，如圣马可教堂的游览，教堂回廊门票 3 欧元；参观黄金祭坛屏风 1.5 欧元。但是"贡多拉"这种游览威尼斯的特色交通工具便会随着船只的豪华程度，价格就会相应地上涨。威尼斯运河两岸的民居、手工玻璃制品的特色工艺品，以及一系列旅游副产品的售卖、出租，都是威尼斯运河的经济运营方式。常住居民仅 6 万人的威尼斯古城，每年要接待 2000 万游客。数百年来，随着时间的积累，大运河沿岸诞生了许多有价值的文化旅游资源。宗教徒的长队，有狂欢节的游行，以及男女老少参加的贡多拉龙舟赛；举行盛宴和舞会的船只上高挂着明亮的日本灯笼。这些丰富的文化旅游资源，使得全世界的游客纷至沓来。

作为与水结缘的城市，威尼斯抓住密如蛛网的水系这一鲜明特色，打造出令世人向往的、鲜明的水城形象。水为威尼斯汇聚了各色文化和各方财富，形成了这里独特而灿烂的物质文化；同时，水也造就了这里的慢悠悠的生活方式，人们因富足而更乐于体验和享受生活。由此，文化交融和悠闲享逸成为世人熟知的威尼斯品牌形象。该形象的成功推广，关键在于水与悠闲享逸确实融入和体现在城市的每个角落及居民生活的各个方面，也就是说，该形象具有鲜活生命力和可持续性。威尼斯还重视举办系列文化活动，并与影视等强势媒体合作，积极提升本地旅游形象的公众到达率，令此形象深入人心。

威尼斯运河的发展提供了以下几点启示。

第一，加强大运河文化旅游服务基础设施建设。威尼斯作为世界级的旅游城市，住宿和餐饮服务体系均具有典型的旅游、度假目的地特征，主题统一，类型多样。本地住宿和餐饮服务的共有主题是鲜明的意大利北部海港风情。住宿场所包括星级酒店、小型度假酒店、家庭式旅馆、度假租住屋等类型，集中体现了本地的特色文化与生活方式。旅游基础设施中的餐饮和住宿打造了游客对威尼斯的归属感，令其自觉延长停留时间，并能深入挖掘出其消费潜力。我国大运河周边的基础旅游服务设施目前还不完善，当地特征体现不明显。

第二，打造独具特色的大运河文化品牌。威尼斯的旅游产品体系综合性强，能够满足不同类型游客需求，并依水系串联为不同时长的若干游线，供游客选择。博物馆是威尼斯的另一个文化体验核心产品，如著名的古根海姆博物馆威尼斯分馆、威尼斯海洋历史博物馆等，它们无论规模大小，都以符合本地品牌形象的内外观感及与本地息息相关的展品，吸引大批游客前来参观。

第三，展现多元融合的大运河历史文化精神。威尼斯的观光和体验产品中融入了本地丰富深厚的文化，古城区一系列主题各异的博物馆和星罗棋布的户外公共艺术作品不拘泥于本地传统文化，与外来文化和现代艺术良好结合，令文化诉求各异的访客都能在城区和运河游览区长时间停留。

此外，威尼斯的娱乐活动同样体现出其文化交融的特色，既有原汁原味的意大利歌剧和高雅音乐演出，也有吸引时尚人群目光的时装表演、流行音乐会及满足各类小众高端人群的主题沙龙、派对等。多样化的娱乐产品体系可令城市在夜间热度不减，是旅游目的地城市成功的必备要素。

大运河是我国历史文化与现代文化融合的地带，不仅是公共艺术装置、艺术作品，运河沿岸的建筑、艺术展馆都要考虑到多元融合的运河文化精神展现，进一步提升运河文化品牌的品质。同时也可以依托文化娱乐产品，文化娱乐活动，在展现大运河历史文化精神和文化底蕴的前提下开发多元文化产品，进一步促进文化消费。

阿姆斯特丹运河

荷兰阿姆斯特丹运河总长度超过 100 千米，拥有大约 90 座岛屿和 1500 座桥梁，使得该市被称为"北方的威尼斯"。三条主要的运河为绅士运河、王子运河和皇帝运河。运河带开挖于 17 世纪的荷兰黄金时代，组成环绕城市的同心带，称为运河带，主要运河沿线有 1550 座纪念建筑。如今，运河已是阿姆斯特丹的一大旅游胜地，每年有超过 500 万的游客。根据阿姆斯特丹旅游会议发展局的数据，38% 的游客到阿姆斯特丹参观的目的是其文化、历史、市中心和运河带。乘坐观光游船，顺着运河领略水城风光已经成为各国游客参观阿姆斯特丹的经典项目之一。

阿姆斯特丹运河体系的大部分是城市规划的成功结果。17 世纪初，在移民达到高峰之际，阿姆斯特丹综合规划也付诸实施，即同时开挖了四条主要的同心半环形运河，其末端均止于 IJ 湾 ❶，称为运河带。运河带的修建由西向东推进，西北段 1613 年开始修建，1625 年建成；南段建于 1664 年，但由于经济萧条，进展缓慢；东段覆盖阿姆斯特丹河和 IJ 湾之间的区域。运河网络的修建是一个长期过程，主要任务是通过运河来排干同心弧形沼泽地，并填平中间的空地来扩大城市空间。阿姆斯特丹的城市扩张是这一历史时期同类发展中规模最大，同时也是最均衡的。这一历史时期也是大规模城市规划的一个范例，直到 19 世纪它还仍旧为世界各地所参考。

不同于世界上大部分运河的建设初衷，阿姆斯特丹运河的开凿并不是为了航运，而是城市生活的需要。因此其沿岸分布着密集的住宅区，也由此催生了阿姆斯特丹最具地域特色的"船屋"。这些船屋固定在岸边，其出现的原因是过去穷人住不起陆地的房子，只能用旧船改造船屋以满足居住需求。船屋在阿姆斯特丹有大约 2000 艘，很多船屋的历史已有 100 年甚至更久，阿姆斯特丹最古老的一座船屋可以追溯到 1840 年。过去一个世纪以来，运河失去了运输功能，旧船屋也逐渐丧失了居住功能，大多数被改建为小型博物馆、画室、酒吧及民宿，成为阿姆斯特丹新的城市文化符号。

除了运河景观等城市文化符号，运河相关节庆活动也是阿姆斯特丹运河城市文化品牌建构的重要组成部分。比如，每年 8 月 11 日至 20 日持续 10 天的阿姆斯特丹运河音乐节，主办方会在运河上搭建一些浮台，观众们坐在河边就可以欣赏到表演。音乐会的表演日程安排十分密集，10 天的时间里有超过 150 场音乐会上演，举办地点多种多样，如花园、屋顶露台、游船、传统运河房屋、隧道

---

❶　IJ 湾是阿姆斯特丹运河带的组成部分，IJ 这个词是一个古荷兰语，意思为"水"。

等，门票的价格也十分优惠甚至有许多是免费。音乐节的时间与当地的旅游旺季时间相重合，因此虽然门票免费，但是可以进一步帮助城市集聚人气，打造高质量旅游目的地，产生周边消费，从而获取经济效益。

阿姆斯特丹运河是荷兰"黄金"时代经济繁荣和文化发展的重要体现，在全世界范围内也是独一无二。如今，运河带已经成为环城交通的主要方式。阿姆斯特丹现今的运河已发展成为连接 100 多座岛屿，由 160 多条运河、1281 座桥梁构成的 75 千米长的运河网。城市的布局就像一把打开的扇子，扇柄朝北，中心是火车站。四条主要运河均呈同心圆一样，以中心火车站为圆心，一圈一圈地向外扩张，与陆地井然有序的相互交织。而这四条主要运河以距中心火车站最近一条开始，分别是辛格河、绅士运河、皇帝运河、王子运河。

阿姆斯特丹 17 世纪运河环形区域的保护和利用采取有效管理措施最大程度保持原有运河的水利工程功能；尽量保持运河及沿岸历史文化古迹的"原汁原味"；运河立法保护措施完善、全面。法律法规从国家和城市两个层面有力地推动了运河历史文化遗产、人文古迹、运河河道、居住环境等一系列方面的保护，使得阿姆斯特丹这座运河城市重新焕发出无穷的魅力，成为世界知名城市。此外，阿姆斯特丹还扩大与国内外运河名城的合作交流，通过大学之间的交流对外传播自己的文化。

阿姆斯特丹运河的保护取得了显著成绩，2010 年荷兰阿姆斯特丹 17 世纪运河区被正式列入《世界遗产名录》。荷兰辛格尔运河以内的阿姆斯特丹 17 世纪同心圆型运河区，不仅是优化城市的水利工程，还是建筑设计的艺术品，拥有大约 90 座岛屿和 1500 座桥梁，使得该市被称为"北方的威尼斯"。

阿姆斯特丹运河改造提供了以下两点启示。

第一，打造大运河系列文化品牌活动。为了宣传推广运河带，政府创立了许多大型活动吸引国内外游客。比如，王子运河水上音乐会于每年 8 月在王子运河举行，是荷兰最大的音乐节。阿姆斯特丹水上灯光节是著名的欧洲五大灯光节之一，水陆并进，精彩纷呈。阿姆斯特丹市政府对运河沿岸的名人名园进行修复，吸引游客。比如，修复了最古老的木屋、安妮之家等。中国大运河沿线各城市应全面系统地挖掘、梳理历史文化遗存、古籍文献和历史档案等文化资源；通过科技手段和增强文化体验感，活化沿线文博景点。

第二，应用现代科技手段开发运河资源。阿姆斯特丹运河是当地的旅游胜地，每年都有不少于 500 万游客来到运河游玩。随着游客的增多，阿姆斯特丹运河里行驶着的游船不断增多，千余艘小船和还有百辆大型商业游船产生了拥挤和非法营运等问题。阿姆斯特丹通过科技手段解决游船问题，通过在船上安装芯片，随时监测，发现哪一段河段拥挤，就可选择其他线路。未来我国大运河的开发运营可以利用科技、智慧的手段对运河进行实时智能化管理。

伊利运河

伊利运河位于美国，是世界第二长的运河，开凿于 1817 年，其兴建与改善工程一直持续了 100 多年。伊利运河的建设大致可以分为三个阶段：第一个阶段是 1817—1835 年，初步完成了总长 487 英里❶的河道建设；第二个阶段是 1835—1918 年，随着船运交通的增长，州政府进行了运河扩大工程，提高了河道的通航能力；第三个阶段是 1918 年至今，由于蒸汽机械式船的出现和发展，20 世纪初，纽约州在原运河系统的基础上扩建了驳船运河，将船闸改为电动式，通航能力增加至 300 万千克并保持至今。

运河的修建成功将纽约带入了商业中心，同时还为美国培养了大批工程师，这些工程师在美国后来几十年的运河和铁路建设中起到了巨大的作用。部分研究还揭示出伊利运河的建成影响了整个美国解放奴隶运动和性别平等运动的发展，这些先进的思想观念都是从伊利运河周围开始传播的。

为了充分开发伊利运河的历史文化价值，为区域经济的增长再添动力，美国政府以《伊利运河国家遗产廊道法案》为基础对其进行了全面的保护和开发。2000 年 12 月，美国国会通过了《伊利运河国家遗产廊道法案》，其保护对象包

---

❶　1 英里 ≈ 1.609 千米，下同。

括伊利、卡普兰、卡尤加塞内卡和奥斯威戈的 524 英里通航运河、阿尔巴尼和布法的废弃运河段落，以及塞内卡和卡尤加等通航湖泊；保护范围覆盖了运河沿线的 234 个市镇。法案肯定了伊利运河在美国的发展进程中所起到的积极作用，同时强调了对该廊道的保护与利用将在历史、文化、娱乐、教育和自然资源的保护等方面具有"无与伦比的民族意义"。

伊利运河近些年不断加强运河生态保护，主要集中在以下方面。

第一，通过遗产廊道对伊利运河进行保护。遗产廊道（Heritage Corridor）是美国针对其大尺度文化景观保护的一种区域化遗产保护战略方法。作为遗产区域的一种特殊类型，遗产廊道强调的是一种线性的文化景观，在这些景观中人与自然共存，经长期的发展形成了"人与自然的共同作品"。自 1984 年第一条国家遗产廊道——伊利诺伊州和密歇根州运河国家遗产廊道建立至今，美国拥有的 49 个国家遗产区域中共包括 8 条国家遗产廊道。伊利运河是第一条连接美国东海岸与西部内陆的快速运输通道，作为美国历史上最重要的人工水道之一，伊利运河国家遗产廊道于 2000 年正式获得认证。

第二，通过政策法律对伊利运河进行保护。美国对伊利运河的认识和保护经历了从局部认知到整体保护的阶段。1991 年绿道法案建立哈德逊河谷慢行道系统、1995 年纽约州运河游憩道规划、1996 年通过认证哈德逊河谷国家遗产区域。但规划和认证的关注重点往往仅包含运河的某一段落，或者运河保护管理的某一方面。1998 年，《伊利运河：纽约州运河系统特有资源研究》报告发布，伊利运河的研究保护初次形成了较为整体全面的认识。2000 年 12 月，国会通过了《伊利运河国家遗产廊道法案》，其保护对象包括伊利、卡普兰、卡尤加塞内卡和奥斯威戈的 524 英里通航运河，阿尔巴尼和布法罗的废弃运河段落，以及塞内卡和卡尤加等通航湖泊；保护范围覆盖了运河沿线的 234 个市镇。法案肯定了伊利运河在美国的发展进程中所起到的积极作用，同时强调了对该廊道的保护与利用将在历史、文化、娱乐、教育和自然资源的保护等方面具有"无与伦比的民族意义"。

自 2000 年国会通过《伊利运河国家遗产廊道法案》以来，廊道的保护与管理逐渐形成一套清晰的工作体系。2006 年完成的《伊利运河国家遗产廊道保护与管理规划》作为长期性的区域综合规划，侧重于基础工作框架的搭建，对主要问题给出了导则性意见。与之相对应的短期（五年）战略规划，确定规划期限内的重点实施项目，并明确了伊利运河遗产廊道委员会的具体工作。公开的各类年度工作汇报将保障规划的有利实施。根据战略规划的实际情况，综合规划也将进行不定期的修编调整。

第三，历史与文化资源保护。对伊利运河历史文化资源保护的首要策略是建立元素尺度上的保护设计导则。包括直接涉及的遗产单体和沿线聚落、自然保护地等廊道资源保护导则的制定，根据不同破坏程度制定相应的河道保护策略等。基于对遗产现状详尽调研及基于调研的诸遗产元素的价值认识和评价后，文化资源的管理者逐渐认识到"这个曾经历战争、运动和变革的遗产区域正如同一辆装载着活态文化遗产的汽车"，在保护资源的同时必须同时关注其经济的复兴。伊利运河国家遗产廊道的重要性体现在其通过大量特有的历史和文化资源，将促进地区、纽约州乃至国家特质形成的那些特定人物和事件传达给现代游客。

伊利运河国家遗产廊道提供了从郊野到城市的多种游憩机会，其丰富的自然资源提供了高质量的游憩资源，廊道区域景观的完整性和连续性成为吸引人们前来骑自行车和远足的基础，此外，沿线独具特色的历史和文化资源在增强地方感的同时也给人们提供了深入了解廊道的机遇。廊道的许多旅游目的地也十分乐意吸引游客前来，它们通过组织的旅行和特别赛事（如骑自行车、划船、远足、钓鱼或狩猎等），吸引新的游客前往该地区休闲。当地居民通过提供体育器材和租赁设备，可以促进廊道体验和当地经济发展；完善的基础设施和先进的解说信息可延长游客的逗留时间，增加该地区的经济效益。跨越行政边界进行规划协调，对整条遗产廊道游憩资源进行整合、包装和推广将完善整个区域的游憩系统，大大增加运河遗产的综合效益。

1962年纽约州就建立了伊利运河博物馆，收藏和保存运河的相关物品，进而让更多的人了解运河的悠久历史和文化，以及运河对纽约州所作出的巨大贡献。馆内收藏有班轮的复制品、关于运河的老旧照片、运河的模型等。在伊利运河国家遗产廊道建设前，美国政府采取了许多措施保护伊利河沿岸的文化遗产，将这些历史遗迹列入国家或者地方遗产名录，纽约州和地方的多个部门已在游憩、交通、教育等多个项目中涉及运河的保护与利用问题。1995年，纽约州制定了运河游憩专项规划，十年间已完成了220英里伊利运河慢行道、七个运河港口，以及数个服务码头和水闸遗址公园的建设。伊利运河国家遗产廊道的慢行游憩系统正是在此基础上完善的。

在旅游开发方面，旅游业在纽约州的经济结构中一直扮演着重要的角色，但2006年以前的各类旅游规划并未将纽约州运河系统作为重要的独立旅游产品。近年来伊利运河遗产廊道旅游开发的核心在于将独立的遗产旅游、自然资源保护、户外休闲游憩、遗产解说教育活动等加以整合，形成品牌效应。

伊利运河国家遗产廊道还构建了非常完善的解说系统，在最大限度还原伊利运河丰富的历史文化内涵。政府组织建立了一个清晰的层级解说系统，解决了各个遗产点的解说内容和媒介较为混乱、团体沟通不畅的问题，同时使得廊道整体层面的教育功能更加高效，保护了伊利遗产廊道的非物质文化遗产内容。

伊利国家遗产廊道的营销主要有以下几个特点。

第一，建立统一的伊利运河国家遗产廊道发展平台，把整个廊道作为一个完整的旅游目的地来进行经营，不仅增加了游客的逗留时间，还使整个旅游区的管理更加协调。

第二，根据游客不同的活动需求开发不同的旅游产品。开发了针对历史文化型旅游者、户外探索型旅游者、摄影爱好旅游者、古董商品收集者和艺术爱好者等不同类型的旅游产品，增加了遗产廊道的旅游吸引力。

第三，利用各种各样的活动增强遗产廊道的知名度和影响力。其中，新年历摄影竞赛、运河奔腾（Canal Splash）等活动已逐渐形成传统。这些活动通过网站、宣传折页等多手段进行推广，吸引了越来越多的廊道访问者。

第四，完善配套设施。除必要的解说设施外，购物、餐饮、住宿等配套设施也是影响遗产廊道游览体验的重要方面。遗产廊道的系统性使得某些季节性、区域性较强的景点扩大了游客范围，因此与之相关的配套设施需要合理发展，而这些也带动了区域的经济发展，是一种可持续性强互利双赢的营销策略。

伊利运河作为世界第二长的运河，至今已经约有200年的历史。在最初人工开凿、运河通航的历史时期发挥着巨大的作用，促成了现代纽约的诞生。作为美国人骄傲的运河，不仅发挥着巨大的经济价值，同时也承载着自然价值及历史和人文价值。伊利运河的开发历史几乎伴随而生的是美国经济发展史。

2010年美国国家公园总署的一份研究报告表明，该年度伊利运河遗产廊道的游客数量超过 400 万人次，带来经济效益 3.8 亿美元，并解决了沿线大量人员的就业问题。2010 年，遗产廊道各项目的总花费仅消耗了 500 万美元的联邦拨款，以及不超过 1500 万美元的其他资金，用最小化的投入取得了最大化的经济与社会效益。

而其运营保护机构美国国家公园总署，自 1984 年伊利诺伊和密歇根运河国家遗产廊道开始，积累了近 40 年的保护与管理经验，为伊利运河国家遗产廊道设定了较高的起点。从近五年的工作成果来看，基本实现了 2006—2011 年的首轮短期战略规划目标，团队建设和项目运作都进入了较成熟的发展状态。

美国伊利运河保护与可持续利用经验对我国以大运河为代表的线性文化遗产具有重要的借鉴意义。

第一，统筹大运河保护开发平台。从美国伊利运河来看，建立统一的伊利运河国家遗产廊道发展平台，把整个廊道作为一个完整的旅游目的地来进行经营，对美国伊利运河的运营有着重大意义。不仅增加了游客的逗留时间，还使整个旅游区的管理更加协调。建立以核心部门为纽带的广泛的合作伙伴关系实现共同管理。遗产廊道跨区域、多功能的属性决定了其管理工作需要经常协调不同行政区域和职能部门。因此，只有形成以具有执行力的核心管理部门为纽带，集各类政府机构及民间非营利组织为一体的合作伙伴关系进行统筹与协调，才能真正使遗产发挥最大的作用。

第二，厘清大运河保护开发思路。美国伊利运河的经营开发模式基于运河完全价值认识的整体保护思路，如《伊利运河国家遗产廊道法案》明确认定了伊利运河在工程技术、自然景观、游憩资源、国家形象等多方面的价值。廊道中众多的历史、游憩和自然资源点的相关项目虽区分了优先级，但在价值判定上并不作重要性的划分。我国大运河的保护开发应当以整体的保护开发思路为主导，明确大运河多方的价值后进行有效的开发利用。

里多运河

加拿大里多运河，建成于 1832 年，全长 202 千米，由渥太华延伸至金斯顿。里多运河包括 47 个石建水闸和 53 个水坝，是 19 世纪工程技术的杰出代表。里多运河始建之初是用于军事目的，19 世纪中期后主要用于商业运输功能，甚至替代了圣劳伦斯河，成为美洲大陆北部的商业和战略的重要通道。随着旅游业的发展，运河目前已经成为当地人们休闲娱乐的场所。

里多运河由加拿大文化和自然遗产地管理的专门机构——联邦公园管理局全权管理，每年维护费用达 1900 万加元。在联邦公园管理局的主导下，里多运河从 1990 年开始编制管理规划，并于 1996 年编制完成。在 2005 年重新进行了修编。规划的目的是建立运河遗产长期的、战略性的保护和管理目标，制定公众参与基础上的法律政策框架，确保遗产的完整性，指导公共利用的合理性。此外，加拿大政府在每六年一次的报告中将重新评估和更新规划。同时，在规划中对运河遗产的展示、游客服务设施、遗产旅游与休闲娱乐、合作与公众参与等内容都有明确提及。

纵观里多运河保护利用的历程，加拿大里多运河较早提出"缓冲区"概念，两岸 30 米宽的缓冲区内不允许新建建筑物，保护了运河沿线风貌，形成著名的"里多运河遗产旅游区"等。加拿大在现行规划政策规定中，依旧保留"缓冲区"概念。除了码头外，河岸两边的建设必须后退 30 米，30 米宽的缓冲区内不允许建设新建筑物。目前运河两边 95% 的地段的建设做到了这一点，有近 5% 的地段没有退后，是因为在 30 米规定制定之前所建。

保护的目的是开发，开发的基础是保护。里多运河完善的保护管理规划为运河的后续旅游开发打下坚实基础。2008 年加联邦公园管理局、安大略省及渥太华和金斯顿等城市宣布将联手推出"运河遗产旅游线路"，提供运河游艇休闲观光、沿途住宿购物等一条龙服务，这意味着对里多运河旅游资源的开发进入了全域整体性开发的阶段。

里多运河起自渥太华的西南面，溯里多河而上到达里多湖，再取道卡塔拉奎河进入安大略湖，沿河共建有 47 座船闸和 53 个水坝，是 19 世纪工程技术的奇迹之一，由英国皇家工程师、海军陆战队中校约翰·拜设计。在空间布局上，秀丽的里多河横贯全城，为首都平添了几分亮色。运河上建有六座"碉堡"和一座要塞，后来又在多个闸站增建防御性闸门和管理员值班室。在 1846—1848 年，为加固金斯顿港口的防御工事建造了四个圆形石堡。里多运河见证了为控制北美大陆发起的战争，具有重要的历史价值。

里多运河作为渥太华重要的旅游资源，春、夏、秋三季可乘船游览观光，冬季，冰上健儿可以在此一展身姿。每年 2 月中旬渥太华为期十天的冬季狂欢节就在结冰的里多河上举行。渥太华冰雪节是里多运河旅游开发最具代表性的项目。将冬季的运河用作室外滑冰场的奇思妙想源于 1970 年，是时任加拿大国家首都规划委员会（NCC）主席道格拉斯·富尔顿先生的提议。那年冬天，他派了一队人马清理结冰后的里多运河上的积雪，随即民众发现了在运河上滑冰的乐趣，自发形成了第一届里多运河滑冰活动。

随着几十年的发展和完善，现在人们不仅可以在世界上最大的里多运河溜冰场上参加冰雕展、雪橇活动、破冰船之旅、冰上曲棍球赛、雪鞋竞走及冰上驾马比赛等精彩活动，还可以观赏国际冰雕比赛，参加富有民族特色的美食节和文化节。发展至今，每年有近百万的游客来此体验，极大地推动了当地旅游业的发展。约 9 千米长的运河冰面上，各色的滑冰服穿梭来去，形成五彩人流。里多河边几处公园中，屹立着严冬赐予人们的各式艺术品，除了独具匠心、玲珑剔透的冰雕外，还有巨大的、憨厚雄浑的雪雕。冬庆节已经成为渥太华一个重要的标志，同时也是整个北美洲地区最吸引人的冬季旅游活动之一，冬季的渥太华已成为加拿大滑冰爱好者的首选之地。

里多运河的所有者为加拿大政府，缓冲区内的用地既有公共用地，也有私人用地。1972 年，加拿大公园管理局根据法律从运输部门接管了运河的管理。通过加拿大公园管理局，加拿大政府与省、市政府一起，协调保护与发展的矛盾，各级政府各司其职，加强了遗产保护的有效性。加拿大政府通过加拿大公园局，负责编制遗产的管理规划，制定长远的保护计划，确保遗产的价值得到保护与展示。安大略省负责邻近遗产的土地的保护与利用，通过立法处理土地利用规划与文化遗产及其环境的保护之间的关系。环境保护部门负责运河遗产内和岸线周围的湿地、林地、自然生物的保护。加拿大公园局直接参与运河沿线市政府发展规划和相关政策的制定。具体到管理组织内部，加拿大国家历史性场所里多运河（里多景观廊道策略）的管理模式是筹划指导委员会，其内部也有明确的分工与协作。

里多运河的成效在于通过对里多运河保护的重要探索突出了运河遗存的价值。经过对运河的规划和管理，使得加拿大居民和旅游者将运河当作重要的国家文化标志来爱惜它，并满足了当代和未来的需要，运河廊道内的居民与政府在相互合作下，保护了运河廊道独特优美的文化和自然遗产特点及景观，使得运河成为有价值的旅游和娱乐资源，有助于区域经济的可持续发展。

纵观运河的管理和保护过程，政府在参与管理、制定规划等方面发挥着重要作用，指导委员会也在广泛吸纳社区居民、专家、顾问团的基础上明确分工，加强协作，推进运河的保护和发展。里多运河具有"加拿大遗产河流"和"世界遗产"的双重身份。近年来针对里多运河世界遗产地的研究与管理规划方法为运河的保护做出了有益的探索，同时也为其他河流遗产保护提供借鉴学习的源泉。

第一，制定完善的保护管理规划。在联邦公园管理局的主导下，里多运河形成了完善的保护管理规划，并根据实际需要进行修编和完善，进而从顶层设计方面规范了运河的保护和管理。在明确规划后有效地实施，并根据变化情况进行评估和更新。独具特色的"缓冲区"概念的提出和落实有效地加强了对遗产的保护和管理。

第二，科学研判趋势，推动旅游产业发展。里多运河根据实际情况，坚持保护与开发的原则，在对运河遗产加强保护的同时也在探索旅游产业的开发。里多运河充分依托运河的空间布局、资源条件打造冬季特色品牌活动，通过特色节庆活动吸引游客观光旅游，不断挖掘运河的遗产价值。

第三，创新管理模式，坚持可持续发展。里多运河在保护的过程中，加拿大公园局发挥着重要作用。在组织内部，公园局创新运用筹划指导委员会模式，将社区居民、兴趣顾问、技术专家集合在一起，共同保护管理运河遗产。从可持续发展的理念出发，满足了当下和未来的需要。

苏伊士运河

苏伊士运河，1869年修筑通航，是一条海平面的水道，连接地中海与红海，在埃及贯通苏伊士地峡，是世界使用最频繁的航线之一。苏伊士运河具有重要的战略地位，记忆着100年来关于东西方重要的水道信息，影响着全球历史，特别是中东地区的历史。苏伊士运河的记忆被记录在文件、稀有书籍、照片、绘画等中，分散在不同国家的不同机构之间。

苏伊士运河本身就是重要的文化旅游资源，因此苏伊士运河的开发和保护首选就是针对运河本身。苏伊士运河作为世界运河航运中占据领先地位的运河，因其特殊的地理位置和航运条件，一直受到世界各国的重视。苏伊士运河的航运安全一直是世界各国和埃及政府的关注重点，因此苏伊士运河的开发和保护主要集中在河道的疏浚，船只的检修保障和航运的安全监控等方面。通过建立人造卫星、光缆发射网络、雷达网在内的高科技航运电子通信监控系统，配备技术先进、型号齐全的挖泥、救护船队及在港口建设现代化船厂来保障运河长年累月的航行安全，为过往船只提供各种优质服务和检修。新苏伊士运河工程总量长72千米，包括35千米的新河道及拓宽和加深37千米旧运河并与新河道连接；此外，该项目还包括新修6条连接运河两岸的隧道。全部工程耗资约80亿美元。按照设计，新开挖的河道深度为24米，宽度超过300米。2015年，新苏伊士运河疏浚工作正式完成并开通，新航道实现了双向通航的功能。

苏伊士运河在保护方面不断发力，通过不断地拓宽和加深来满足航运需求，做好航道的保护。对于运河周边原有的文化旅游资源，首先做好保护，依托红海周边景点，进行联合开发和利用。另外，埃及政府通过新苏伊士运河项目来进行运河沿岸的整体开发。新苏伊士运河项目不仅为运河开掘出双向航道，还覆盖了苏伊士运河地区的整体发展。该项目将在运河地区建立涉及物流、组装、造船、航海等领域的多个工业园区，修建公路、机场、港口等基础设施，并发展多个高科技工程项目。

苏伊士运河的主要功能不是旅游，因此文化旅游项目并不是其开发的重点。苏伊士运河的旅游包括：运河历史博物馆记录的苏伊士运河的前世今生；苏伊士运河将地中海与红海连接的特性进行风土人情的游览；将埃及的旅游资源与运河的独特地位有效结合，与周边伊斯梅利亚等城市建立密切联系，观光游览不断增多。

苏伊士运河结合金字塔、圣凯瑟琳修道院、巴列夫防线、艾因苏赫纳、西奈山、沙漠探险、底比斯古城及其墓地、坦塔、塞得港、法尤姆、曼苏拉、沙姆沙伊赫、鲸鱼峡谷、基纳、宰加济格等周边景区打造了系列旅游。同时，埃及通过塞得港、伊斯梅利亚等地博物馆展出关于苏伊士运河的历史和故事，吸引游客，打造博物馆旅游将苏伊士运河的文化旅游资源进行开发型融合。此外，运河沿岸的大清真寺依然发挥它的宗教作用，伊斯梅利亚在保留很多原有建筑的基础上利用餐饮、酒店、民宿等形式进行活化改造，进行文化旅游资源的活化型融合。

苏伊士运河管理局负责苏伊士运河的整体开发、运营活动，近年来苏伊士运河不断加强挖掘和清淤工作，新运河的挖掘整理工作大大缩短了船只通过运河的时间，提升了运河运转的效率。苏伊士运河管理局还计划建设沿运河带经济带，以期加强运河之间的联系，创造更多的经济效益。

苏伊士运河区位具有重要的战略意义，运河通航能力的提升能够大大缩短东西方航程。近年来在管理局的开发管理中，旅游资源和运河的结合有了进一步发展。苏伊士运河河道的疏浚大大提升了运河的通航能力，人造卫星、光缆发射网络等高科技航运电子通信监控系统的完善保障了运河长年累月的航行安全。

苏伊士运河保护开发经验主要集中在以下两个方面。

第一，苏伊士运河的保护开发紧密结合经贸领域。由于苏伊士运河特殊的交通和战略地位，运河管理局将更多的精力放在对运河的疏浚和开凿上，来满足运河的经贸往来和经济发展。双向通航能力的完成标志着苏伊士运河基本完成了疏浚工作，增强了不同地区间的商贸往来，进而带动了经济的发展。

　　第二，结合周边文化资源实现融合发展。苏伊士运河的历史本身就是鲜活的博物馆案例。近年来，苏伊士运河在疏浚河道的同时也在发展着周边的旅游业，将运河所承载的功能与历史文化资源、周边景区相结合，实现着文化旅游资源的活化和融合。

巴拿马运河

　　巴拿马运河位于中美洲巴拿马共和国的中部，横穿巴拿马地峡。运河于1904年开始开凿，1914年竣工通航，1920年起成为国际通航水道。由于巴拿马运河的开通，太平洋与大西洋之间的航程比原来缩短了5000千米至10000千米。运河全长81.3千米，水深13～15米不等，河宽150～304米，船闸最窄处仅33.5米。整个运河的水位高出两大洋26米，设有6座船闸。船舶通过运河（自第一道船闸算起）一般需要8～10小时，可以通航7600万千克级（4800标准集装箱）的轮船。现在，每年大约有近1.5万艘来自世界各地的船舶经过这条运河，每年接待25万观光者。巴拿马运河通航近百年来，已成为西半球乃至全球重要航道，为巴拿马及世界经济贸易发展发挥了重要作用。为让更多、更大的船舶通过巴拿马运河，巴拿马政府于2007年开始对运河进行扩建，并于2016年完工。新运河在巴拿马运河两端各修建1个三级提升的船闸和配套设施，同时拓宽并挖深加通湖至库莱布拉之间的蛇形航道，为太平洋侧新船闸挖出闸道。更深航道和更大的船闸让巴拿马运河可以更好地维持自身的航运优势，保持运河的地位。

　　巴拿马运河流域的大片森林就像一块巨大的海绵，可以在雨季储存大量降水，保护土壤不受侵蚀，防止湖中出现大量多余的沉积物，也能将大部分滞留水引至河中。意识到这些雨林的重要性，历届巴拿马政府一直致力于在该运河流域建设一系列国家公园和保护区，目前已形成保护网。其目的在于充分发挥水力资源的作用，维护生物多样性，即保护多种动物和植物的生存环境，因为这些植物和动物很大一部分在美洲大陆的其他地方正濒临灭绝。

巴拿马运河贯通巴拿马东西，运河沿岸有着丰富的旅游资源。首先作为 100 多周年的运河，巴拿马运河本身就是独特的旅游资源，而且运河的航运通行方式也是运河旅游的一部分。沿着巴拿马运河游览巴拿马运河沿岸风光，两岸的风土人情有着千差万别。巴拿马运河开通后，又沿巴拿马运河修建了铁路，起始站为太平洋沿岸的巴拿马城，终点为大西洋沿岸的科隆城，运行距离为 80 多千米。观光列车的开通，吸引住了外国旅客。这一条河的壮观成为其最原始的旅游资源。

巴拿马通过毕尔巴鄂古根海姆美术馆、巴拿马运河博物馆、圣弗朗西斯科教堂、人类学博物馆、民族博物馆等场所将巴拿马的非物质文化遗产展示出来，进行开发型融合；另外巴拿马通过传统的节庆活动、民族歌舞表演的体验性旅游活动，进行文化旅游资源的体验型融合。巴拿马城区在保留各种物质文化遗产的基础上，迎合现代人的需求，将许多物质文化遗产利用餐饮、酒店、民宿等形式进行活化改造，做到文化旅游资源的活化型融合。

巴拿马湾、孔塔多拉旅游胜地、圣布拉斯群岛和雷岛是著名的自然风光游览景观；在巴拿马运河上还能看到世界上最大的人工湖泊——加通湖、巴拿马运河的阶梯式大闸门等运河风光。此外，巴拿马城考古遗址及巴拿马历史名区、美洲大桥、巴拿马城中的毕尔巴鄂古根海姆美术馆、巴拿马运河博物馆、圣弗朗西斯科教堂、国民剧院、人类学博物馆、民族博物馆等人文风光都是巴拿马的文化旅游的优质项目。巴拿马城的城中游览、巴拿马原始民族舞蹈、节庆活动、体育比赛等构成了巴拿马文化旅游业。

此外，巴拿马运河周边的伊斯拉巴罗科罗拉多自然遗迹、阿尔图斯德坎帕纳国家公园、卡米诺德克鲁塞斯国家公园、莎柏兰尼亚国家公园、查格雷斯国家公园都是运河旅游参观的景区。坐落在巴拿马运河河畔的第二大城市科隆，那里的圣洛伦索城堡即防御工事于 1980 年被联合国列为世界文化遗产。科隆自由贸易区坐落在科隆市东北角，处在巴拿马运河河畔，一派繁华的景象，商品琳琅满目、应有尽有，包括电器、服装、布匹、玩具、首饰、手工艺品等。自由贸易区内货物进口自由，无配额限制，不缴纳进口税；货物转口自由，也不缴纳任何的税收。吸引了来自世界各地的人来此旅游消费，加之其优越的地理位置和当地政府的优惠政策，目前科隆的年贸易额高达 500 亿美元。

巴拿马运河管理局作为巴拿马运河的管理机构，负责巴拿马运河的运营、管理、维护、扩建、现代化和其他有关活动和服务。巴拿马运河管理局自治且专业，拥有独立发行债券的权利，运河管理局在董事会的监督下工作。董事会负责为运河运营、改进和现代化制定政策，并负责监督运河管理情况。巴拿马运河管理局坚持把森林作为运河生态治理的基础，加强以森林恢复运河的畅通，规范对巴拿马运河生态的治理。

巴拿马运河区位具有重要的战略意义，运河的扩建进一步提升了经贸发展的水平。近年来在巴拿马管理局的开发管理中，自然成为运河生态治理的基础，河流生态基础设施的完善为运河恢复往日的繁荣奠定了重要基础。

巴拿马运河保护开发经验主要集中在以下两个方面。

第一，有效发挥运河的综合性功能。巴拿马运河沟通了太平洋和大西洋，是贸易往来的重要通道。近年来巴拿马运河管理局的扩建工作及生态治理工作注重发展的可持续性，立足于运河综合性功能的开发，着力提升经贸水平的发展，使得经贸、文化、生态等领域呈现良好的发展态势。

第二，对文化旅游资源保护性开发。巴拿马运河依托运河的带动和交流，将周边景区紧密聚合在一起，通过运河不断发展文化旅游业，独具特色的文化旅游资源和保护性开发吸引游客前来观光游览。运河上欣赏到的独特风光与巴拿马本地特色文化资源相融合，有效地推进当地旅游业的发展。

主要参考文献

［1］单霁翔.大运河飘来的紫禁城［M］.北京：中国大百科全书出版社，2020.

［2］董文虎，王健.江苏大运河的前世今生［M］.南京：河海大学出版社，2014.

［3］段炳仁.流淌在大运河里的历史文化基因［J］.前线，2020（12）.

［4］冀朝鼎.中国历史上的基本经济区［M］.北京：商务印书馆，2017.

［5］贾兵强.大运河文化带建设原则与路径选择［J］.运河学研究，2018（2）.

［6］金苗.国际传播中的大运河文化带建设：定位、路径与策略［J］.未来传播，2021（5）.

［7］李文治，江太新.清代漕运［M］.北京：中华书局，1995.

［8］李跃乾.京杭大运河漕运与航运［M］.北京：电子工业出版社，2014.

［9］毛锋.京杭大运河历史与复兴［M］.北京：电子工业出版社，2014.

［10］毛锋，吴晨，等.京杭大运河时空演变［M］.北京：科学出版社，2013.

［11］水利水电科学研究院、武汉水利电力学院《中国水利史稿》编写组.中国水利史稿（上册）［M］.北京：中国水利电力出版社，1979.

［12］谭徐明.中国大运河遗产构成及价值评估［M］.北京：中国水利水电出版社，2012.

［13］吴晨.京杭大运河沿线城市［M］.北京：电子工业出版社，2014.

［14］熊海峰.大运河江苏段的发展演进、鲜明特征与历史影响［J］.扬州大学学报（人文社会科学版），2022（2）.

［15］杨静，张金池，等.京杭大运河沿线典型区域生态环境演变［M］.北京：电子工业出版社，2014.

［16］叶美兰，张可辉.清代漕运兴废与江苏运河城镇经济的发展［J］.南京社会科学，2012（9）.

［17］俞孔坚，李迪华，等.京杭大运河国家遗产与生态廊道［M］.北京：北京大学出版社，2012.

［18］朱偰.大运河的变迁［M］.南京：江苏人民出版社，2017.

［19］邹逸麟.中国运河志［M］.南京：江苏凤凰科学技术出版社，2020.

［20］邹逸麟，张休桂.中国历史自然地理［M］.北京：科学出版社，2013.